용어·개념·원리·활용·미래 응용

모빌리티
반도체 센서 백과

기계 / 제어 / 로봇 / 모터 / 자율주행차 / 인공지능(AI)

감수 **주승환** 협회장·교수 ◆ 편성위원 **박용국**·**신현초**·**정승환**·**황영랑**

SEMI
CONDUCTOR

SENSOR

GoldenBell
www.gbbook.co.kr

반도체 기술이 세계 패권국이다!

"미국에서 트랜지스터 기술이 발명되고 1977년 PC시대가, 15년 후인 1992년 디지털시대가 열렸다. 반도체 집적도가 3년마다 4배 증가한다는 '무어의 법칙'이 있는데 다섯 번 중첩되면서 15년간 집적도가 1000배나 커져 디지털 시대가 도래됐다.

2007년 스마트폰으로 모든 기술이 융합되는 모바일 시대가 열린 다음, 15년이 지나 '4차산업혁명'이라고 일컬어지는 목표 중 반도체 나노 기술을 기반으로 상상을 초월한 팽창일로에 있다.

AI(인공지능), 빅데이터, 5G, 모빌리티 등 모든 게 반도체의 성능이나 집적도가 향상됐기 때문에 가능하다. 과거 글로벌 패권이 지정학(地政學) 중심이었다면 지금은 기정학(技政學, Teck-politics) 중심으로 움직인다."　　　　　　　　　　　　　　　　　　　　　　　-양향자-

보라!
중국이 대만을 접수하고자 하는 저의가 바로 반도체 기술에 있다.

우리들의 실생활과 산업 현장에는 알게 모르게 반도체를 기반으로 한 제품 구성에는 다양한 센서들이 깊숙이 자리하고 있다.

당장 손안에 잡은 모바일폰에 카메라 센서는 물론 여러 센서들이 장착되어 있고 대형 기계, 모빌리티, 로켓, 열차, 선박을 비롯해 공장이나 건축물도 첨단 센서들로 인해 제어 관리되고 있다. 또한 아파트 단지 내의 차량 진출입 차단기, CCTV, 사람의 동작을 인식해 어두운 곳을 밝혀주기도 한다.

접목될 IoT, AI(인공지능) 등은 4차산업과 연계해 얻어진 신호의 디지털화로 현재는 물론 미래사회에 진화·발전해 나아갈 것이다. 그리고 AI기술이나 고주파 통신 기술이 발전하면서 새로운 센서도 개발되면서 다양하게 출시되고 상상 이상의 센서들도 출시될 것이다.

여기에 수록된 제작 사례를 참고로 삼아서, 각자의 용도에 맞게 센서를 이용하는 기기를 제작해 활용한다면 앞으로 다가올 DIY시대를 대비한 유용한 자료가 될 것이다.

2023년 1월
주 승 환

반도체와 센서의 탄생은 인간의 오감을 대신하여 규정된 신호로 변환·작동을 활용함으로써 생활의 편이성과 안전성을 확보하는 것이 '모빌리티'의 시작점이다. 반도체가 짧은 기간에도 놀라울 만큼 발전을 거듭하고 있다.

반도체를 파악하기 위해 센서 기술의 교차점을 이해하고 접근한다는 것이 그리 녹록치만은 않다. 새롭게 장착된 다양한 센서까지 다루면서 처음 접하는 학습자라도 쉽게 선을 넘을 수 있도록 배려하였다.

센서의 단품마다 다양한 물리량, 화학적인 양을 전기적 신호로 바꿔주는 전자 부품이다. 문제는 미래 산업 사회에 접목될 하드웨어적인 반도체 기술을 기반으로 소프트 웨어 핵심 기술의 센서 퓨전으로 최첨단화 하고 있음에 주목해야 한다.

모빌리티의 기본 데이터, 그것은 센서에서 나온다.

이 책에서는 생활에 활용되고 있는 다양한 센서와 스마트폰, 자율주행 등의 각각 단품 센서와 융합기술을 소개한다.

1. '센서란 무엇인가'에 구조와 성능 등의 개념정리를 아주 심플한 말풍선과 일러스트 등을 만화적 요소를 곁들이면서 풀어냈다.

2. 센서의 원리, 작동, 응용 사례를 설계 구조와 제작 사례에서부터 스마트폰과 접목될 센서까지 수록하였다. 반도체 공학과 주요 관련 주제들은 간결하고 이해하기 쉬운 형식을 취했다.

3. 모빌리티 차재용 반도체 센서 중 대표적인 압력 센서, 가속도 센서, 회전 센서, 광센서 등에 대하여 사용한 방법부터 기술의 기초 및 구체적 사례까지 간명하게 해설했다.

4. 궁극적인 목표 자율주행 실현을 위해 각종 외계 센서의 기반부터, 앞으로 보급에 필요한 소프트웨어적인 핵심 기술인 센서 퓨전까지 망라하고 있다.

초심자도 쉽게 이해할 수 있는 센서의 개념, 전문용어들 중심으로 편성·전개 하였고, 공학계열 중심 과목으로서 관련 분야의 연구 개발자, 현장 엔지니어들에게 미래를 개척하고 창의성을 고취하기 위한 가이드가 되기를 희망한다.

2023년 1월
편성위원 일동

Chapter

03 스마트폰에 적용하는 센서

Chapter

04 차량에 사용하는 센서

센서(Sensor)

센서(Sensor)

1 센서란?

센서란 물리적 정보를 인간이 이해하기 쉬운 형태로 변환하는 장치를 말한다. 다시 말하자면 그림 1-1 처럼 인간은 알기 힘든 관측정보를 입력해 물리적 법칙이나 화학적 법칙을 적절히 활용하여 인간이 알기 쉬운 형태의 출력으로 변환하는 장치인 것이다. 컴퓨터에서 처리하기 쉬운 전기신호로 변환되는 센서가 다양하지만, 그뿐만 아니라 입력신호를 인간이 알기 쉬운 형태의 신호로 바꾸는 장치를 모두 센서이다.

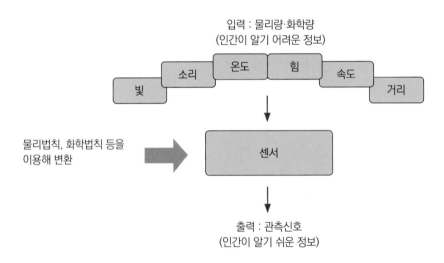

그림 1-1 센서의 역할

예를 들어 주전자에 물을 넣고 끓이면 소리가 나는 주전자는, 물이 끓는 현상을 소리로 변환함으로써 인간이 쉽게 알 수 있도록 한다. 다시 말하면 이 휘슬 주전자도 일종의 센서라고 할 수 있다(그림 1-2).

그림 1-2 휘슬 주전자

2 인간의 감각과 센서

그림 1-3은 인간의 감각기능과 센서의 관계를 나타낸 것이다. 센서에는 sense(느끼다)에 접미어인 or을 붙여 "느끼는 것"이라는 의미가 있다. 인간에게는 오감(시각, 청각, 미각, 촉각, 후각)이 있지만, 센서 장치가 이것을 대체해 환경 속에서 정보를 얻게 해준다. 현재의 센서는 주로 빛이나 소리, 힘 등과 같이 물리량을 측정하는데 특화된 것들이 많다. 인간으로 말하면 시각, 청각, 촉각은 물리적

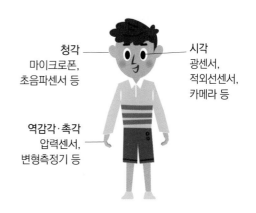

그림 1-3 인간의 감각기능과 센서의 관계

감각, 후각과 미각은 화학적인 감각이다. 이외에도 적외선이나 자기장, 이산화탄소 등과 같이 인간이 느낄 수 없는 정보도 센서를 사용하면 쉽게 감지할 수 있다.

한편 미각이나 후각도 조금씩 발전하고 있기는 하지만, 시각이나 청각, 후각에 비해서는 발전 속도가 미흡하다. 미각과 후각은 물질의 구성을 화학적 성질로 정하고, 그 정도에 따라 좋고 나쁨을 단순한 양으로 정하기 어렵게 때문이다. 이것은 미각이나 후각이 물질 구성 등의 화학적 성질로 정해지고 또 그 좋고 나쁨을 단순한 양으로는 정하기 어렵기 때문이다.

센서와 인간 감각기능과의 관계는 다음과 같다.

1) 시각

시각은 외부로부터 빛을 받아들이는 감각이다.

인간의 시각은 380nm에서 750nm 정도 파장의 빛(가시광)을 볼 수 있지만, 적외선 센서를 이용하면 더 긴 파장의 빛을 감지할 수 있다.

빛의 감지는 센서기술이 가장 발전된 영역이고, 광센서와 상대와의 거리를 측정하는 거리센서도 시각센서에 해당된다 할 수 있다. 광센서에는 카메라도 사용되고 있다.

2) 청각

청각은 외부의 소리를 감지하는 감각이다. 소리를 감지하려면 일반적으로 음압센서

(마이크로폰)를 사용한다. 인간의 청각은 20Hz에서 20,000Hz 정도의 대역의 주파수를 들을 수 있지만, 초음파센서를 이용하면 더 높은 주파수 소리를 감지할 수 있다.

초음파센서는 단순히 초음파를 감지하는 용도뿐만 아니라 물체와의 거리를 측정할 때도 사용한다. 인간은 초음파를 이용해 거리를 측정하지 않지만 박쥐나 돌고래는 초음파를 이용해 거리를 측정한다.

3) 역감각·촉각

역감각(力感覺)은 물체가 닿았을 때 느끼는 힘의 감각을 말한다. 한편 촉각은 외부의 물체와 접촉했을 때 느끼는 피부 감각을 말한다. 이 두 가지는 서로 밀접한 관계에 있지만 구별해서 사용하는 경우가 많다. 역감각이나 촉각은 매우 복잡한 감각이라 세밀하게 감지해야하므로 지금도 역감각 센서나 압력센서 같은 형태로 개발되고 있다.

역감각에 대응하는 센서로는 변형측정기나 역감각 센서가 있고, 촉각에 대응하는 센서는 압력센서가 있다.

4) 미각·후각

미각이나 후각은 외부에 있는 물체의 맛이나 냄새를 감지하는 감각이다. 물리적 양을 감지하는 시각, 청각, 촉각과 달리 미각이나 후각은 필수적으로 대상물의 화학적 성질을 감지해야 한다.

화학물질을 감지한다는 의미에서는 pH센서나 CO_2센서 등이 해당되지만, 현재 상태의 미각이나 후각의 본격적 감지는 시각, 청각, 후각과 관련된 센서와 비교했을 때 개발이 늦은 편이다. 이처럼 인간은 다섯 가지 감각에 의해 인지하고 판단하고 행동한다. 하지만 센서는 인간이 느끼지 못하는 이상의 물리적, 화학적 정보들을 습득하여 인간 생활에 많은 도움이 주고 있다.

3 센서의 분류

1) 물리적 센서와 화학적 센서

물리센서와 화학센서는 수집하는 정보가 물리적 정보인지, 화학적 정보인지에 따라 센서를 분류한다. 빛이나 소리, 가속도 등과 같은 물리량을 측정하는 센서를 물리센서라고 부른다. 그에 반해 화학물질의 종류나 pH값 등과 같이 화학량을 측정하는 센서를 화학센서라고 부른다.

생물의 오감에 대비했을 경우, 시각과 청각, 촉각에 대응하는 정보를 수집하는 센서는 물리센서, 후각과 미각에 대응하는 정보를 수집하는 센서는 화학센서라고 할 수 있다. 센서에 따라 대상이 되는 물리현상이나 화학현상은 다양하지만, 여기서는 표 1-1과 같이 6가지로 분류한다. 물리센서나 화학센서는 이미 알려진 물리법칙과 화학법칙을 이용해 이들 6가지의 상호 변환을 통해 인간이 알기 쉬운 형태로 바꿔준다.

표 1-1 물리센서·화학센서의 센싱 대상

대상이 되는 물리량, 화학량	내용
전자파(전자기파 성질)	조도, 파장, 편광 등
기계량(역학적 성질)	힘, 가속도, 거리 등
열(열역학적 성질)	온도, 열량, 비율 등
전기신호(전기회로적 성질)	전압, 전류, 도전율 등
자기(전기화학적 성질)	자기, 자속밀도, 투자율 등
화학(화학적 성질)	물질의 종류, pH, 습도 등

6가지 분류 각각의 변환에 이용되는 물리법칙, 화학법칙의 사례는 표 1-2와 같다.

표 1-2 입출력 변환에 이용하는 물리법칙, 화학법칙

	빛	기계량	열	전기	자기	화학
빛	사진·루미네센스	광음향효과		광전효과		
기계량	빛탄성효과	뉴튼의 운동법칙	마찰열	압전효과	자성수축 효과	
열	흑체방사	열팽창	리기·르둑효과	초전효과	퀴리·바이스의 법칙	
전기	일렉트로·루미네센스		펠티어효과, 톰슨효과	옴의 법칙	비오사바르의 법칙	
자기	패러데이효과, 커튼·머튼효과	자성수축 효과	에팅하우젠효과	자기저항 효과, 홀효과		
화학	염색반응		산·알칼리반응	전극반응		효소 분해

2) 접촉센서·비접촉센서

접촉센서, 비접촉센서는 감지할 대상과 센서가 접촉하는지 접촉하지 않는지에 따른 분류이다. 표 1-3은 접촉센서, 비접촉센서를 구분한 것이다.

접촉센서는 감지할 대상에 센서를 접속시킴으로써 상태를 계측하는 센서이다. 반면에 비접촉센서는 감지할 대상에 센서를 접촉시키지 않고 상태를 계측하는 센서이다.

센서가 감지할 대상과 접촉하면 대상의 상태가 바뀔 수 있기 때문에 비접촉으로 감지할 수 있으면 더 바람직한 하지만, 변형이나 압력 등과 같이 접촉을 해야 정확하게 측정이 가능한 정보도 많다.

표 1-3 접촉센서와 비접촉센서

접촉센서	비접촉센서
변형측정기, 압력센서, 역감각센서, 열전대 등	광센서, 적외선센서, 습도센서, 거리센서 등

3) 센싱과 리딩

일반적으로 센서라고 하면 빛이나 소리, 온도, pH 등과 같이 물리량과 화학량으로 정의되는 양을 계측하는 장치를 가리킨다. 그러나 물류의 전 세계적 확대나 IT기술의 보급, IoT의 발전 등을 기반으로 인간은 정보를 남기기 위해서 끊임없이 센싱 기술을 개발하고 있다. 바코드나 2차원코드, RFID(Radio-Frequency Identification) 등이 그런 예이다.

이런 기술들은 인공적 코드나 전파를 읽어내는 기술로서, 일종의 센서기술에 해당한다. 자연세계의 정보를 읽어내는 센싱 기술과는 성질이 다르지만, 이런 상황을 명확히 구분하기 위해서 자연계에서의 물리량이나 화학량을 계측하기 위한 처리를 센싱(Sensing)이라고 부르고, 인간이 정보를 주고받기 위한 처리를 리딩(Reading)이라고 한다. 표 1-4는 센싱과 리딩의 사례를 나타낸 것이다.

표 1-4 센싱과 리딩

센싱을 위한 센서	리딩을 위한 센서
광센서, 음압센서, 적외선센서, 변형측정기 등	바코드, 2차원코드, GPS, RFID 등

(1) 센싱 : 자연정보의 취득

센싱이란 센서를 이용해 자연정보를 취득하는 것을 말한다(그림 1-4). 센싱은 자연계에 있는 물리정보나 화학정보를 법칙을 이용해 인간이 이용하기 쉬운 형태로 변환해 취득하는 기술이다. 이런 정보를 취득하기 위해 사용되는 도구가 센서인 것이다.

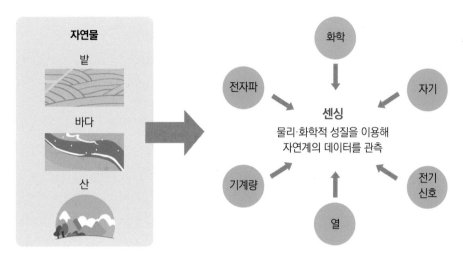

그림 1-4 센싱 개요

(2) 리딩 : 인공정보의 취득

리딩이란 정해진 규칙에 기초해 데이터를 주고받음으로써 인공물의 정보를 취득하는 것을 말한다(그림 1-5). 자연계에 있는 정보를 사용하는 것이 아니라, 인공적으로 만들어진 데이터정보를 이용하기 쉬운 형태로 취득하려는 기술이다.

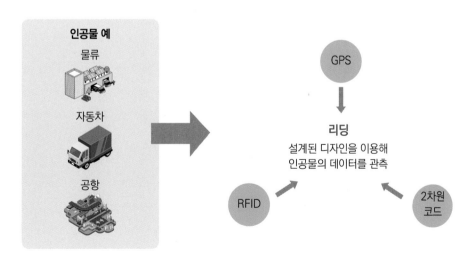

그림 1-5 리딩 개요

센싱은 정보를 받아들이는 쪽인 센서를 개량하는 경우가 일반적이지만, 리딩에서는 센서뿐만 아니라 정보를 내보내는 쪽인 인공물의 부호화 기술도 매우 중요하다. 리딩 기술은 보내는 쪽과 받는 쪽이 정해진 규칙 하에서 정보를 주고받는 기술로서, 송신 쪽과 수신 쪽에서 적절한 규칙을 정해 놓고 가능한 한 통신하기 쉬운 방법으로 정보를 주고받는다.

4) 액티브 센서과 패시브 센서

액티브 센서와 패시브 센서는 감지하고자 하는 대상에 대해 능동적으로 작용하는지의 여부를 기준으로 분류한다. 액티브(Active)에는 능동적이란 의미가 있고, 패시브(Passive)에는 수동적이라는 의미가 있다. 표 1-5는 액티브 센서와 패시브 센서를 나타낸 것이다.

표 1-5 액티브 센서와 패시브 센서

액티브 센서	패시브 센서
초음파센서, 적외선센서 등	광센서, 온도센서, 음압센서 등

액티브 센서는 센서 내부에서 전원을 공급 받아 신호를 송신하고 피대상 물체에 반사되어 되돌아 오는 신호 세기의 크기와 방향 등의 정보를 측정할 수 있는 센서이다. 초음파센서나 적외선센서 등과 같이 거리나 속도를 측정하는데 이용하는 센서가 액티브 센서이다.

패시브 센서는 센서 내부에서 별도의 신호를 송신하지 않고 피대상 물체가 주위 에너지를 통해 이미 보유하고 있는 신호의 크기와 방향 등의 정보를 측정할 수 있는 센서이다. 빛이나 소리, 열 등과 같이 대상물에 대해 능동적으로 작용하지 않아도 값을 계측할 수 있는 경우에 이용한다.

물리량 센서와
전자회로, 구동장치

물리량 센서와 전자회로, 구동장치

온도, 무게, 회전 등의 「물리량」을 전기신호로 바꾸는 「센서」

1 센서, 전자회로, 구동장치

1) 주변 전자기기에 사용되는 센서

그림 2-1 처럼 현대생활을 뒷받침하는 전기로 움직이는 기기는 목적이나 규모, 복잡한 정도가 모두 다르지만

① 「센서」(계측·감지)

② 「전자회로」(판단·명령)

③ 「구동 장치」(표시·소리·열·바람 등)

그림 2-1 전기로 움직이는 기기 3 가지 구성 요소

전기포트나 세탁기, 로켓 등은 크기는 다르지만 기본적으로 3가지 요소 「센서」, 「전자회로」, 「구동 장치」로 구성되어 있다.

같은 3가지 요소로 구성되어 있다. 이들 3요소 중에서 첫 번째 요소인 센서에 대해 알아보겠다.

우리 주변에 있는 에어컨이나 전기포트 등과 같은 가전제품, 수도나 가스 등과 같은 사회 인프라 나아가 비행기부터 로켓까지, 전부 「센서」라고 하는 「물리량」(아날로그 신호)을 「전기신호」(센서신호)로 바꾸는 전자부품을 통해서 계측하거나 감지한다. 센서가 없으면 계측이나 감지가 안 되기 때문에 아무것도 사용하지 못하게 된다. 센서는 특수한 물질의 성질을 이용해 온도, 빛 등의 외부 정보를 전기신호로 변환하는 전자부품이다.

그림 2-2는 전기포트, 그림 2-3은 자동세탁기의 구동 구조를 나타낸 것이다. 컴퓨터를 중심으로 전자회로에 온도센서와 히터, 모터 같은 구동 장치가 접속되어 있다. 전기포트

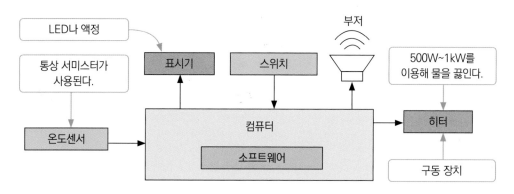

그림 2-2 주변의 전기장치 「전기포트」 구조
온도센서의 신호로만 끓는 것을 감지한 다음, 보온을 계속하기 위해서 컴퓨터나 소프트웨어가 작동한다.

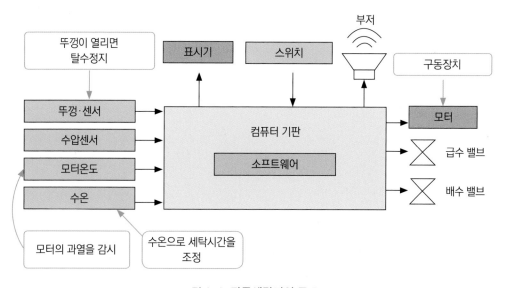

그림 2-3 자동세탁기의 구조

보다 자동세탁기가 더 복잡하지만 구조는 비슷하다. 더 큰 기계장치인 엘리베이터나 로켓도 센서의 신호를 컴퓨터에서 처리한 다음, 큰 모터나 로켓·엔진을 구동한다는 점에서는 가전제품과 개념은 똑같다. 전기포트와 비교하면 부품 수가 많고 소프트웨어도 복잡하지만, 기본적인 구조는 거의 비슷하다.

2) 자동화를 통해 인간을 대신하는 서비스

(1) 눈이나 귀를 대신하는 센서

센서는 사람의 눈이나 귀가 가진 감각을 전기신호로 바꾸는 전자부품이다. 추위를 전기신호로 바꿀 수 있다면 그 신호를 증폭해 모터 등을 작동시킴으로써 난로에 자동으로 석탄을 넣을 수 있다(그림 2-4). 또 어둠을 전기신호로 바꿔 증폭함으로써 큰 전구의 스위치를 ON/OFF할 수 있다면 자동으로 방에 전등을 켜고 끌수 있다. 이뿐만 아니라 온도, 기압,

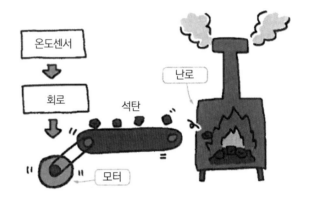

그림 2-4 자동 석탄난로의 구조
센서로 온도를 감지한 다음, 전자회로로 모터를 움직이도록 명령한다.

습도, 힘, 각도, 위치 등 다양한 센서가 개발되어 전자회로와 기계장치에 사용됨으로써 편리한 생활이 가능해진 것이다.

센서로 온도를 감지한 다음, 전자회로로 모터를 움직이도록 명령한다.

▶ 용도 ① 정보 습득

센서의 용도는 크게 2가지로 나눌 수 있다.

첫 번째 용도는 인간의 오감을 능가하는 정보를 얻는 것이다. 예를 들어 그림 2-5에서와 같이, 고대 인류는 연기가 움직이는 방향을 보고 원거리 장소의 바람방향을 파악했다면, 연기를 센서로 가정하고 떨어진 장소의 바람방향을 감지하게 되는 것이다. 이런 지혜를 통해 고대 인류는 자연현상을 센서로 이용함으로써 오감을 뛰어넘는 정보를 얻었던 것으로 추측된다. 오늘날에는 오감을 뛰어넘는 센서가 다양한 계측장치의 감지기로 이용되고 있다. 날씨예보를 위한 기압계나 습도계, 풍향풍속계, 기상위성을 비롯해 항공기에

탑재되는 고도계와 대기속도계, 안전 운행을 위한 레이더 설비, 병원에서는 혈압계와 체온계, 혈액의 성분분석, CT스캐너, MRI 등 모든 장소에서 활약하고 있다.

그림 2-5 센서가 없는 시대에는 자연의 힘을 빌려서 인간의 오감을 넘어서는 정보를 얻었다.

계측에 사용되는 센서들은 오감을 뛰어넘는 감각으로 세밀하고 정확하게 판단하기 위한 신뢰성이 높은 정보원으로서 현대생활에서 중요한 역할을 맡고 있다.

▶ 용도 ② 정보 전달

두 번째 용도는 자동적으로 움직이는 장치에 외부 정보를 전달한다는 것이다. 엘리베이터나 자동문, 전기밥솥, 에어컨 등 우리 생활을 편리하게 해주는 기계장치들은 내장된 센서를 통해 외부세계에 맞게 작동한다.

(2) 상황을 스캔하는 「센싱」

센서를 사용해 외부정보(온도나 무게 등)를 습득하는 것을 「센싱(sensing)」이라고 부른다. 센싱은 센서를 사용해 전자회로(센서회로)를 설계하고, 센서신호를 컴퓨터에 보내는 식의 단순한 작업에 그치지 않는다.

9페이지 만화 「컴퓨터와 센서를 조합해 오토매틱 천국으로 가자!」의 전기포트 사례에서 온도센서를 통해 온도는 파악할 수 있지만, 끓었는지 아닌지는 컴퓨터가 온도변화로부터 판단할 필요가 있다. 센서신호에서 목적하는 정보를 끌어내기 위한 개량을 포함한 처리까지도 센싱이라고 할 수 있는 것이다.

(3) 센서보다 뛰어난 인간의 센싱능력

센싱기술은 인간의 오감이나 인지능력을 모방해 확장할 목적으로 진화해 왔다.

예를 들어 공업용 센서의 경우, 화상(시각)과 소리(청각)는 인간이 가진 눈이나 귀보다 더 뛰어난 성능을 가질 수 있다. 하지만 미각이나 후각센서는 널리 실용화되었다고 하기 어렵다. 촉각센서도 연구·개발되고 있지만 실용까지는 이르지 못하고 있다.

인간의 센싱은 뇌에서 복잡하면서도 고도의 처리를 한다. 자동차의 자율운전이 한정된 범위에서 드디어 실용화된 것을 감안해도 현대의 센싱 기술은 아직 인간에게 미치지 못한다.

(4) 단위를 가진 양을 가리키는 물리량

물리량을 한 마디로 말하면 단위를 가진 양이라 할 수 있다. 길이(m)와 질량(kg), 시간(s)이 가장 기본적인 물리량이다. 속도(m/s)는 길이와 시간 단위의 조합이다. 물리적 단위는 모두 이런 기본적 단위로 구성된다.

(5) 에어컨 속 센서의 역할

센서로 외부 상태를 파악할 수 있으면 어떤 장점이 있을지 생각해 보자.

예를 들면어 센서가 없는 에어컨이 있다고 하자. 쾌적한 온도를 유지하기 위해서는 항상 사람이 스위치를 켜고 꺼야 할 것이다. 하지만 온도센서가 있으면 자동으로 쾌적한 온도를 유지해 준다(그림 2-6). 설정한 온도로 실내온도를 유지하기 위해 센서가 온도를 감지하고 컴퓨터가 항상 온도를 감시한다. 이런 제어는 작동결과가 온도센서를 통해 컴퓨터로 돌아오기 때문에 피드백(feedback)제어라고도 한다. 센서를 이용한 프로그래밍으로 제어를 하는 것이다.

① 습도센서

쾌적함은 온도뿐만 아니라 습도 영향도 크기 때문에 습도센서를 통해 습도를 제어함

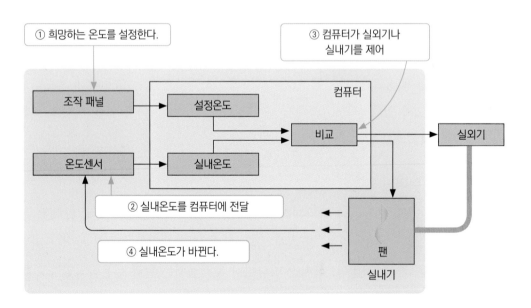

그림 2-6 에어컨의 자동운전(냉방 시)

에어컨의 자동운전 구조는 ① 사람이 설정한 온도 ② 온도센서를 통해 실내온도를 컴퓨터 회로가 비교 ③ 설정온도보다 실내온도가 높으면 실외기, 실내기를 제어한다. 에어컨은 계속해서 ①, ②, ③을 반복한다. 그러다가 실내온도가 설정온도에 도달하면 에어컨이 정지되는 것이다.

으로서 장마철에도 더 쾌적하게 보낼 수 있다.

② 적외선 방사 온도계

떨어진 장소의 온도를 측정할 수 있는 적외선 방사 온도계를 추가하면 실내온도뿐만 아니라 방안의 뜨거운 부분이나 차가운 부분을 인식해 방 전체가 쾌적해지도록 에어컨 풍향을 제어도할 수 있다.

③ 체온센서

체온센서로 사람의 움직임을 감지하여, 수면시간대라고 판단되면 실내온도를 잠자기에 쾌적한 온도로 조정하는 것도 가능하다.

에어컨은 이런 실내 상태뿐만 아니라 실외기 상태도 센서로 감시하면서 동결방지나 에어컨의 소비전력이 절약되는 방향으로 가동된다.

가전제품을 비롯한 다양한 전기 기기가 사람의 요구에 맞춰 작동하기 위해 센서를 통해 다양한 물리량을 전기신호로 바꾼 다음, 제어회로에 탑재된 컴퓨터가 이들 정보에 기초해 복잡한 제어를 할 필요가 있는 것이다.

(6) 머리와 힘, 작업의 판단자료「센서신호」

전기포트, 에어컨, 대부분의 가전제품은 **그림 2-2**이나 **그림 2-3**을 보면, 센서신호가 컴퓨터로 들어간 다음에 컴퓨터에서 나오는 신호에 의해 히터나 모터가 움직이도록 되어 있다.

가전제품에 사용되는 컴퓨터는 센서신호를 받아들이는 용도를 전제로 만들어졌기 때문에 센서신호를 받아들이는 입력단자가 있다.

센서는 값이 변화하는 전자부품이다. 어떤 센서라도 그대로 컴퓨터에 접속하는 일은 간단하지 않다. 센서는 종류가 매우 다양하고 값이 변화하는 범위도 큰 차이가 있다. 모든 센서를 그대로 접속할 수 있는 입력회로를 컴퓨터 내부에 만드는 일은 결코 쉽지 않다. 그래서 많은 컴퓨터가 전원 전압까지의 범위를 기준으로 한 전압신호를 받아들이도록 만들어진다. 이렇게 기능 제한을 통해 컴퓨터 쪽 회로를 간소화해 가격을 낮출 수 있다.

센서신호가 컴퓨터에 맞지 않는 경우는 센서와 컴퓨터와의 사이에 전자회로를 추가함으로서 센서신호를 컴퓨터에 맞출 필요가 있다. 컴퓨터에 바로 연결할 수 있는 센서는 별로 없어서 대부분의 경우는 센서용 회로가 필요하지만, 많이 사용되는 온도센서나 광센서 중 회로를 내장한 센서 제품인 IC가 있다.

제품이 내장된 센서회로를 통해 아날로그 방식으로 출력하는 제품과 디지털 방식으로 출력하는 제품으로 나누어진다. 아날로그 출력은 컴퓨터 A/D컨버터에 접속되어 디지털 값으로 바뀐다. 디지털 출력 제품은 대부분 I²C나 SPI로 불리는 규격의 시리얼 번호로 출력된다.

디지털 출력 센서인 IC는 내부에 A/D컨버터까지 들어있어 몇 개의 시리얼 신호선으로 컴퓨터와 접속한다.

(7) 컴퓨터로 오감을 수치화

아날로그 신호는 A-D컨버터에서 디지털 값으로 바뀐다(그림 2-7). 저렴한 컴퓨터라도 10비트의 A/D컨버터가 내장된 것이 있다. 10비트 디지털 값은 0~1023까지의 수치를 나타낼 수 있기 때문에, 온도는 0.0℃~102.3℃까지의 나타낼 수 있다.

디지털로 바뀐 센서신호는 컴퓨터 내의 프로그램으로 인해 수치로 다루어지면서 다양한 처리가 이루어진다. 하지만 어떤 처리가 이루어지는 지는 각각의 장치마다 다르다.

예를 들어 전기포트는 그림 2-2와 같은 처리가 이루어진다. 목표 온도보다 현재 온도가 낮으면 히터를 돌리고, 높으면 히터를 멈추는 작동이 기본이다(비등 감지나 비어 있는 감지 등, 그 순간의 온도뿐만 아니라 온도변화 상태를 파악해 처리되는 제품도 있다).

계측장치로부터 센서신호를 받는다면 분해능력이 높은 12비트 또는 16비트의 A/D컨버터로 수치화해 온도나 습도, 조도 등이 표시기에 표시될 것이다(표 2-1).

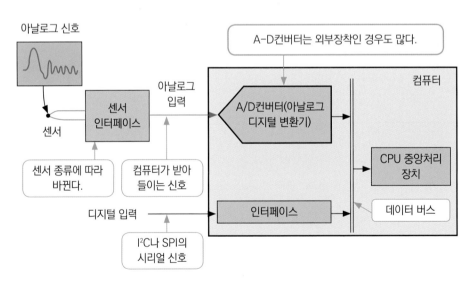

그림 2-7 센서와 컴퓨터의 A-D컨버터를 중개하는 「센서 인터페이스」가 필요

표 2-1 많이 사용되는 A-D컨버터의 비트수

비트수	분해능력	용도
8	256	저렴한 컴퓨터
10	1024	일반적
12	4096	약간 고성능
16	65536	계측
24	16777216	고성능 계측기

※ 1비트 증가할 때마다 분해 능력은 2배가 된다.

① 리니어라이지(선형화)

측정하고 싶은 온도나 습도 등의 실제 값과 센서출력은 대개의 경우 정확하게는 비례하지 않는다. 그러므로 이런 상태는 정확한 온도나 습도를 표시할 수 없으므로 계측기에는 사용할 수 없다. 그래서 실제 값과 센서출력 값이 정확하게 대응하도록 A/D변환 후, 디지털 값을 소프트웨어로 보정해야 한다. 이 보정을 리니어라이즈(linearize)라고 한다.

3) 센서로 열 등을 감지하는 센싱

교훈 : 온도나 압력 등과 같은 센서는 물리량을 전기신호로 바꾸는 전자부품

4) 컴퓨터와 센서의 조합

컴퓨터는 센서에서 검출된 정보를 전기신호로 바꾼 온도 정보를 기초로 주변 상황을 판단한 다음, 에어컨의 전원을 켜거나 정지시킨다. 즉 사람 손으로 했던 것을 맡길 수 있게 된 것이다.

온도

여러 가지로 생각해 판단한 다음, 뜨거워지면 팬을 돌린다.

센서 인터페이스 회로

컴퓨터

드라이브 회로

구동 장치

센서

부우웅

가정의 전기포트도 그런가요!

그렇지, 전기포트 안에는 컴퓨터가 다양한 지시를 내리거든. 구조를 살펴볼까.

어떨까?

온도표시

98.5 ℃

온도센서

입력 회로

컴퓨터

드라이브 회로

히터

1) 물이 들어 있는지 확인

히터가 켜진 다음 급속으로 온도가 상승하면 물이 들어 있는지 안다.

지금 몇 도지?

입력 회로

컴퓨터

드라이브 회로

온도센서

2) 가열

컴퓨터는 히터의 드라이브 회로에 신호를 보내 히터에 전기가 통하게 한다. 동시에 현재의 온도를 측정해 표시한다.

50℃ 온도표시

통전시작

입력 회로

컴퓨터

On!

드라이브 회로

3) 끓는 것을 감지

100℃ 부근에서 수온이 상승하지 않으면 끓는다고 판단해 가열을 중지하는 동시에 부저가 울리면서 보온모드로 전환한다.

99℃ 99℃ 99℃

울려라!

OFF

삐—
삐—
삐—

4) 보온

설정한 온도를 유지하도록 온도를 측정하면서 히터를 On/Off한다.

99℃ 92℃
91℃ 98℃ 90℃
91℃ 93℃ 95℃

OFF ON OFF

입력 회로

컴퓨터

드라이브 회로

교훈 : 컴퓨터에 센서를 연결해 프로그램을 설정하면 그 신호(정보)를 토대로 판단과 처리를 해준다. 즉 사람이 했던 일을 기계한테 맡길 수 있는 것이다.

2 빛, 색, 화상을 감지하는 센서

천차만별! 센서 도감

1) 빛을 감지하는 포토다이오드

(1) 용도

포토다이오드의 용도는 크게 3가지로 나뉜다.

① 광량측정

조도계의 센서로 광량을 측정하는데 사용되거나, 주변의 밝기에 맞춰서 가전제품 작동을 조정하는 등에 많이 사용된다. 예를 들면 방이 어두울 때 TV의 디스플레이 밝기를 낮춘다든가, 밤이 되면 시계의 초침을 중지시키는 등이다.

② 무선 정보전달

가전제품 등을 조작하는 리모컨에는 적외선 LED와 적외선 포토다이오드를 통한 광통신이 사용된다. 적외선은 인간의 눈에는 보이지 않지만 비디오·카메라의 이미지·센서에는 비치기 때문에 비디오·카메라로 리모컨의 송신기를 보면 적외선 LED가 발광하는 것을 알 수 있다.

③ 통신

고속 인터넷통신은 광섬유를 이용한 광통신이 주체이다. 전선에 의한 고속통신은 전기신호의 열화나 주변의 방해 등으로 인해 장거리 고속통신이 곤란하다. 하지만 광섬유 통신은 그런 문제가 발생하지 않는다.

고속 광통신에 사용되는 포토다이오드(사진1)는 감도보다도 고속성이 중시된다. 또 광섬유 통신망은 사회 인프라로서의 신뢰성이 중요하기 때문에 신뢰성이나 장기 안정성도 중요한 항목이다.

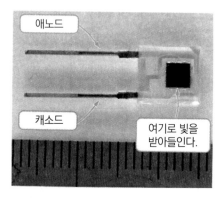

애노드

캐소드

여기로 빛을 받아들인다.

사진1 PIN 포토다이오드 S2506-02
면적이 크고 고감도, 근적외선부터 가시광선까지 감지. 응답도 빨라서 광통신에도 사용된다 (자는 한 눈금 당 1mm).

(2) 원리

빛은 에너지를 갖고 있다. 빛이 다이오드로 들어오면 갖고 있는 에너지 일부가 전기 에너지로 바뀐다. 전기에너지 양은 빛의 강도에 의존하기 때문에 포토다이오드의 전기신호를 측정하면 빛의 강도를 알 수 있다.

(3) 구조

PIN 포토다이오드(사진2)는 그림 2-8에서 보듯이 P형과 N형 2종류의 반도체와 고저항 I층으로 구성되어 있다. 외부에 들어온 빛은 얇고 투명한 절연막을 통과한 다음 다이오드 내부에 빛 에너지가 전기 에너지로 바뀐다. 발생된 전기신호는 전극에서 외부로 나간다.

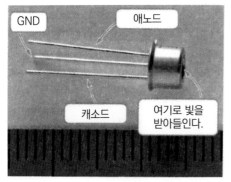

(a) 광통신 등 고속용도. 금속용기에 들어 있어서 노이즈 내구성이 높다. GND 단자 있음

(b) 중앙 원형부분이 수광부로, 직경1mm에 원둘레의 전극에서 단자까지 본딩 와이어로 접속되어 있다.

사진2 고속 PIN 포토다이오드 FID08T12TX

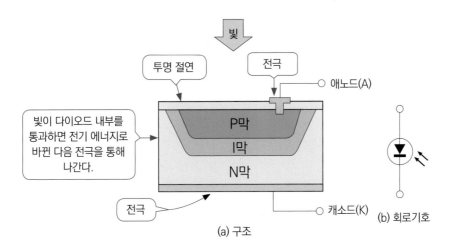

(a) 구조

(b) 회로기호

그림 2-8 빛의 강도를 정확하게 측정할 수 있는 PIN 포토다이오드

(4) 특징

① 입사광에 대한 직진성이 좋다.

입사된 광량(光量)과 포토다이오드에서 흘러나오는 전자의 양이 비례하는 범위가 넓기 때문에 빛의 강도를 정확하게 측정할 수 있다.

② 소형 · 경량 · 장시간 활용

간단한 구조의 반도체 소자는 구조적으로 약한 부분이나 가동부분이 없기 때문에 오랫동안 안정적인 작동이 가능하다. 다만 빛에 대한 감도가 수광(受光) 면적에 비례하기 때문에 어느 정도의 크기는 필요하다.

(5) 감도특성

다른 광센서까지 포함한 감도특성은 그림 2-9와 같다. 사람 눈의 감도는 광량의 대수(代數)에 비례하는 것으로 알려져 있어, 그림 2-9의 밝기 기준처럼 매우 넓은 범위의 밝기에 대응한다. 포토다이오드는 직진성이 좋아 광량측정에 적합다는 것을 알 수 있다.

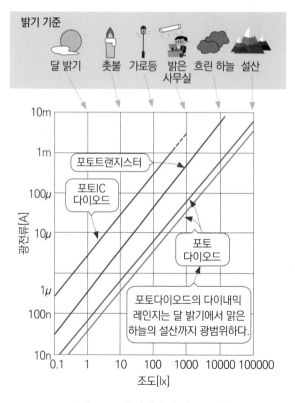

그림 2-9 각 광센서의 감도 특성

(6) 센서 선택

광센서의 주요 용도는 광량 측정과 광통신이기 때문에 메인 특성은 감도와 응답속도이다. 표 2-2에서 각종 광센서의 특성을 비교하면 감도가 높은 센서는 응답속도가 낮은 경향이 있다는 것을 알 수 있다. 빛은 다양한 용도로 사용되기 때문에 데이터 시트를 참조해 필요 사양에 적합한 센서를 선택할 필요가 있다.

표 2-2 광센서의 특성 비교

방식	형식번호	메이커	감도(100Lux)	주파수특성
PIN포토다이오드	S2506-02	요코하마포토닉스	7.3μA	25MHz
통신용 PIN포토다이오드	FID08T13TX	후지츠	3.6μA	300MHz
포토트랜지스터	NJL7502L	신일본무선	33μA	35MHz
포토IC 다이오드	S9648-100	요코하마포토닉스	260μA	50MHz

2) 빛을 감지하는 포토트랜지스터

(1) 용도

포토트랜지스터는 포토다이오드보다 응답속도가 느려 정보전달(통신)보다 주변의 밝기를 감지하기에 적합하다. 감도가 높아 증폭회로 없이 컴퓨터에 접속할 수 있다는 점도 가전제품용으로 많이 쓰이는 이유이다. 그래서 실내조명의 ON·OFF, TV 밝기조정 등에 사용되고 있다. LED와 조합하면 저항1개로 컴퓨터와 같은 디지털 회로와 접속할 수 있기 때문에 광접합 소자(photocoupler)의 수광 소자로 사용된다. 그림 2-10은 포토커플러의 구조를 나타낸 것이다.

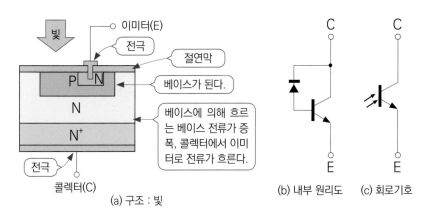

그림 2-10 주변 밝기를 감지하는데 적합한 포토트랜지스터

(2) 원리

그림 2-11는 포토트랜지스터(사진3)의 등가회로와 구조를 나타낸 것이다. 외부에서 들어온 빛에 의해 흐르는 베이스 전류가 트랜지스터에서 증폭된 다음 콜렉터 전류가 흐르기 때문에, 포토다이오드보다 감도가 높다.

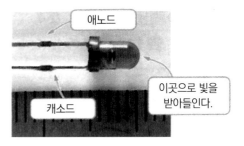

사진3 포토트랜지스터 NJI7502L(신일본무선)
색에 있어서 사람 눈의 특성과 가깝기 때문에 녹색으로 착색되어 있다.

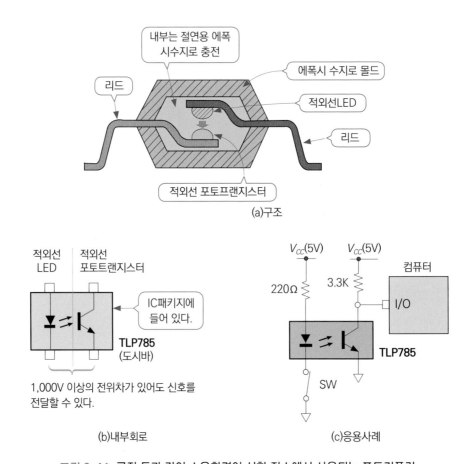

그림 2-11 공장 등과 같이 소음환경이 심한 장소에서 사용되는 포토커플러

(3) 특징

감도는 높지만 응답속도가 느리다. 증폭작용이 있으면서 외부전원은 필요 없기 때문에, 응답속도가 문제되지 않는 용도에서는 감지회로가 간단하다.

3) 빛을 감지하는 포토IC 다이오드

(1) 용도

실내에서 사용되는 기기의 주변 광량을 측정하는 용도로 적합하기 때문에, TV나 에어컨의 에너지 절약용 센서나 액정패널의 광도를 일정하게 유지하기 위한 광량측정에 이용된다.

(2) 구조

포토다이오드와 증폭비율이 큰 앰프를 조합한 IC(**사진4**)이지만, 단순한 포토다이오드처럼 사용할 수 있도록 개량되고 있다.

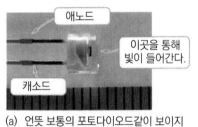

(a) 언뜻 보통의 포토다이오드같이 보이지만 칩 위에 증폭회로가 탑재되어 있다.

(b) 포트IC 다이오드의 수광면. 칩 위쪽이 포토다이오드. 아래쪽 증폭회로에 본딩 와이어가 접속되어 있다.

사진4 포토IC 다이오드 S9648-100(요코하마 포토닉스)

사진4의 제품은 통상의 포토다이오드에 추가적으로 적외선을 보정하기 위한 포토다이오드가 별도로 탑재된 것으로, 필터 없이도 적외선 영향을 받지 않는 구조이다(그림 2-12).

(3) 특징

조도가 낮은 실내 밝기 등을 감지하는데 적합하다. 감도가 상당히 높기 때문에 컴퓨터의 A-D컨버터에 저항 1개로 접속할 수 있다. 반면에 응답속도는 다른 광센서보다 상당히 느려서 통신에는 적합하지 않다.

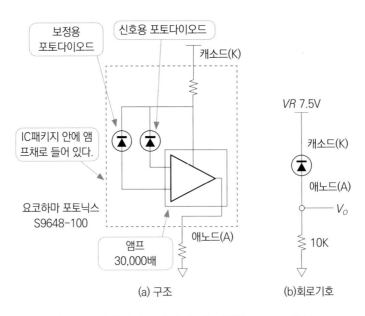

(a) 구조

(b)회로기호

그림 2-12 실내 밝기를 감지하는데 적합한 포토IC 다이오드

4) 빛을 감지하는 리모컨 수광센서

(1) 용도

리모컨용 수광(受光)센서로서 가전제품에 사용되는 것은 물론이고, 저속 적외선통신에도 사용할 수 있다. 통신 장치로 봤을 때 도달거리가 길고 외부 빛에 강하다는 장점이 있다.

(2) 구조

그림 2-13은 리모컨 수광 센서(사진5)의 내부구조를 나타낸 것이다. 적외선 리모컨 송신에서 나오는 빛은 리모컨 거리나 방향에 의해 광량이 크게 바뀌기 때문에, 증폭비율을 최적화하기 위해서 가변 게인·앰프가 탑재된다. 리모컨 빛은 다른 빛과 구별되도록 38kHz로 변조되기 때문에 38kHz 성분만 증폭하는 필터기능이 있다.

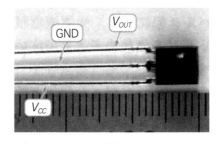

사진5 리모컨 수광센서 PL-IRM2121-A538(파라 라이트 일렉트로닉스)

38kHz로 변조된 광신호를 감지하는 회로가 내장되어 있다. 가시광에 대해 불투명한 수지로 밀폐되어 있다. 통신속도는 1.5kbps이다.

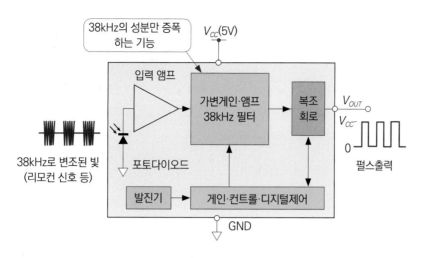

그림 2-13 리모컨에서 나오는 신호를 받는 리모컨 수광센서의 구조

(3) 특징

적외선 리모컨은 가전제품이나 정보 단말기 등에 많이 사용되는데, 한정적인 용도의 IC이다. IC와 똑같은 기능·성능을 포토트랜지스터와 주변회로로 만들려면 소비전력이나 부품 공간이 커지는 곳에 소음을 줄이는 것이 어렵다.

● 특성
- 전원전압 : 5V   - 소비전류 : 2.5mA   - 변조주파수 : 38kHz
- 도달거리 : 36m(정면), 9m(±30도)   - 통신속도 : 1500bps(비트/초)

5) 빛을 감지하는 태양전지

(1) 용도

구조는 포토다이오드 자체이므로 발전(發電)은 물론, 빛 감지에도 사용할 수 있다. 실제로 가정용 야간조명은 밤이 되었는지 아닌지를 솔라 셀의 출력으로 판정한다.

(2) 구조

그림 2-14은 태양전지(사진6) 구조를 나타낸 것이다. 기본구조는 다이오드와 똑같지만 극단적으로 면적이 크기 때문에, 대량의 빛에너지를 전기에너지로 바꿔 전력으로 이용할 수 있을 만큼 출력이 만들어진다. 단일 셀이 1개의 다이오드이므로 사진6의 솔라 셀은 4개의 다이오드가 직렬로 연결되어 있는 것이다.

(3) 특징

탁상용 전자계산기나 손목시계의 전원으로 사용하기 위한 소형제품부터, 실외에 설치해 메가와트급 전력을 얻기 위한 대형제품까지 많은 제품이 만들어지고 있다.

솔라 셀은 「태양전지」로도 불리지만, 에너지를 축적하는 능력은 없기 때문에 정확히 말하면 태양광발전기이다.

검은 부분 하나하나가 단일 셀로 불리는 다이오드

사진6 2V태양전지
4개의 단일 셀을 직렬로 연결한 태양전지. 초대면직 포토다이오드로서, 표면의 가느다란 은색 선은 집전용 패턴이다.

6) 빛을 감지하는 컬러센서

(1) 용도

인간의 눈은 주변 환경 빛의 영향을 받기 때문에 디스플레이 색을 작업환경에 따라 다르게 느낀다. 컬러센서는 환경에 좌우되지 않고 RGB를 측정할 수 있기 때문에 디스플레이의 색조 조종에 사용된다. 또 농산물의 색감 판정에서도 육안으로는 개인차이가 크기 때문에 컬러센서가 유효하다.

사람은 색에 민감해 색 차이를 식별하는 능력은 높지만, 절대적 색을 인식하는 일은 어렵기 때문에 공업적 색을 관리하는 데는 이런 컬러센서를 빼놓을 수 없다.

(2) 구조

그림 2-15는 디지털 컬러센서(사진7)의 구조를 나타낸 것이다. 9×9=81개의 포토다이오드가 배치되어 있으며, 각각의 소자에는 적(R), 녹(G), 청(B)의 컬러필터가 부착되어

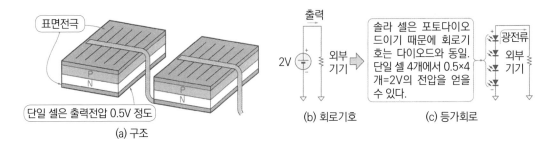

표면전극

단일 셀은 출력전압 0.5V 정도

(a) 구조

출력

2V 외부 기기

(b) 회로기호

솔라 셀은 포토다이오드이기 때문에 회로기호는 다이오드와 동일. 단일 셀 4개에서 0.5×4개=2V의 전압을 얻을 수 있다.

광전류 외부 기기

(c) 등가회로

그림 2-14 태양 빛을 감지하거나 발전하는 솔라 셀

있다. 외부의 디지털신호에 따라 각각의 포토다이오드 신호를 A/D변환해 내부의 12비트 레지스터에 축적한다. 축적된 데이터는 외부에서 독자적인 시리얼신호로 읽어낼 수 있다.

포토다이오드가 81개 들어 있어서 디스플레이의 색조 조정에 사용된다.

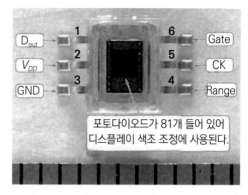

포토다이오드가 81개 들어 있어 디스플레이 색조 조정에 사용된다.

사진7 디지털 컬러센서 S9706 (요코하마 포토닉스)
가운데 어두운 부분에 9×9=81개의 포토다이오드가 배열해 있다. 각 포토다이오드 치수는 약 0.1mm의 정사각형. 어두운 부분 주변은 신호처리 회로.

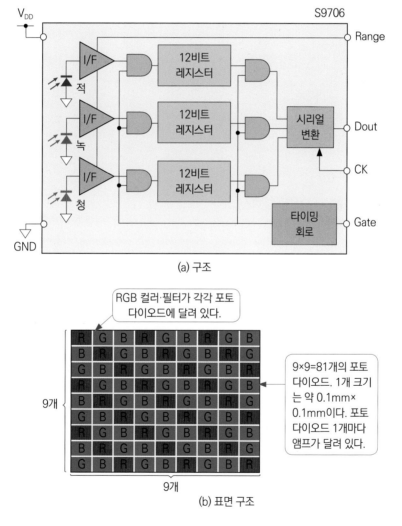

(a) 구조

RGB 컬러·필터가 각각 포토다이오드에 달려 있다.

9×9=81개의 포토다이오드. 1개 크기는 약 0.1mm× 0.1mm이다. 포토다이오드 1개마다 앰프가 달려 있다.

(b) 표면 구조

그림 2-15 디지털 컬러센서 S9706의 구조

(3) 특징

칩 상에서 12비트의 디지털 데이터로 변환하기 때문에, 잡음 영향을 잘 받지 않는다. 저렴한 컴퓨터의 A/D컨버터는 10비트이기 때문에 더 높은 정확도로 측정할 수 있다.

12비트 A/D컨버터는 4096의 분해능력을 갖지만 사람이 느끼는 빛의 범위는 훨씬 넓기 때문에 인간 정도의 감도를 얻으려면 12비트로는 충분치 않다.

S9706은 게이트신호의 펄스폭에 따라 광전류를 적산하는 기능이 있어서, 게이트 신호를 조정함으로써 넓은 범위의 광량에 대응할 수 있다.

2단계 감도전환 기능도 있어서 게이트신호와 조합하면 0.01~100,000룩스의 광량 범위까지 측정할 수 있다.

● 특성
– 감도 : 0.01~100,000룩스
– 측정시간 : 100s(0.1룩스) 1ms(100,000룩스)
– 분해능력 : RGB 각 12비트
– 전원 : 5V 10mA
– 출력 : 시리얼 디지털신호

7) 화상을 감지하는 이미지센서

(1) 용도

스마트폰, 디지털카메라, 감시카메라, 디지털현미경 등 많은 기기에서 이용된다. 인간은 시각적으로 들어오는 정보가 전체의 80%나 되기 때문에 앞으로도 다양한 장치들을 사용하게 될 것이다.

(2) 구조

이미지센서(사진8, 사진9)의 기본적 구조는 디지털 컬러센서와 똑같지만, 훨씬 많은 대량의 포토다이오드가 집적되어 있다는 것이 큰 차이점이다.

고급 디지털카메라에는 다수의 A-D컨버터가 내장되어 있어, 이미지센서 내부의 병렬처리를 통해 고속으로 디지털데이터로 변환함으로써 화상데이터를 출력하는 제품도 있다.

포토다이오드가
100만개 이상 들어
가 있어서 디지털카
메라에 사용된다.

사진8 CCD 이미지센서

고장난 소형 디지털카메라에서 꺼낸 이미지센서. 기본구조는 컬러센서
와 똑같지만 포토다이오드가 100만개 이상이나 된다.

내부에 화상처리용 칩 부품이 내장되어
있어서 JPEG 데이터를 출력한다.

사진9 초소형 CMOS 카메라

휴대전화 등에 탑재되는 카메라. 내부에 화
상처리용 칩이 들어있어서 JPEG 데이터를
출력한다.

(3) 특징

빛을 전기신호로 바꾸는 부분은 포토다이오드와 똑같지만, 종횡으로 촘촘히 배열되어 있어 단순히 빛의 강도뿐만 아니라 이미지센서 표면의 빛 강도분포까지도 감지한다. 그래서 이미지센서 앞에 렌즈를 놓으면 렌즈를 통해 비친 풍경을 전기신호로 감지할 수 있다.

(4) 특성

이미지센서의 특성으로는 화소수, 잡음, 밝기의 분해능력, 변환속도 등이 있다.

일반적으로는 화소수가 높으면 해상도도 올라간다. 화소수를 높이기 위해서 하나의 셀을 작게 하더라도 셀 크기가 빛의 파장보다 작으면, 빛이 굴절현상의 영향을 받아 화상이 흐려지기 때문에 화소수가 증가한다 해도 해상도는 향상되지 않는다. 따라서 카메라 화소수가 무작정 높아지는 일은 없을 것이다.

8) 빛을 감지하는 센서

광선서」란 빛을 계측하거나 통신수단으로 사용되는 센서를 말한다. 사용방법은 2가지이다.

사용방법① 광량측정
주위의 밝기(조도)를 계측할 때 사용

사례

밤이 되면 초침이 멈춘다.

방이 어두울 때 디스플레이의 밝기를 높인다.

사용방법② 데이터 통신
TV의 리모컨은 적외선LED와 적외선 포토다이오드가 사용된다. 또 고속 인터넷 통신에는 광섬유가 사용된다.

사례

TV나 에어컨의 리모컨

광섬유

(1) 광량측정에 사용하는 포토트랜지스터

주위의 밝기를 간단히 감지하려면 응답속도는 느리지만 감도가 좋은 포토트랜지스터가 적합하다.

Vcc5V   Vcc5V
220Ω   3.3k
I/O
컴퓨터
TLP785
스위치

포토트랜지스터와 LED가 하나의 패키지로 들어간 포토커플러는
전기신호→LED→빛→포토트랜지스터→전기신호
경로로 신호를 전달하기 때문에 전기적으로 절연된 것이 가장 큰 특징이다. 다른 장치 사이에서 GND의 전위차가 있을 때나 접속하는 장치내부의 노이즈가 서로 혼입되는 것을 방지할 때 유효하다.

(2) 고속 데이터통신에 사용하는 포토다이오드

포토다이오드는 빛의 변화를 따라 출력전류가 바뀐다. 고속 데이터통신에서는 포토다이오드와 고속 앰프를 조합해 사용한다.

38kHz로 변조된 빛(리모컨 신호 등)

38kHz 성분만 증폭하는 기능
V_{CC} (5V)
PL-IRM2121-A538
입력앰프   가변 게인 앰프 38kHz 필터   복조 회로 V_{OUT}
포토다이오드 V_{CC}
발진기   게인·컨트롤·디지털제어   0
펄스출력
GND

예를 들면 적외선 리모컨은 떨어진 곳에서 리모컨으로 반사되기 때문에 고감도 앰프가 들어간다. 이때 실내의 빛과 같이 천천히 바뀌는 빛의 변화에는 응답하지 않는다.

교훈 : 광량측정에는 포토트랜지스터, 데이터통신에는 포토다이오드가 적합하다.

3 온도·습도·기압을 측정하는 센서

1) 열기와 냉기가 수명을 좌우

그림 2-16는 대표적 온도센서의 측정가능 범위를 나타낸 것이다.

그래프 하단은 -273℃이다. 이 온도를 「절대영도」라고 하는데, 우주 어디에도 이보다

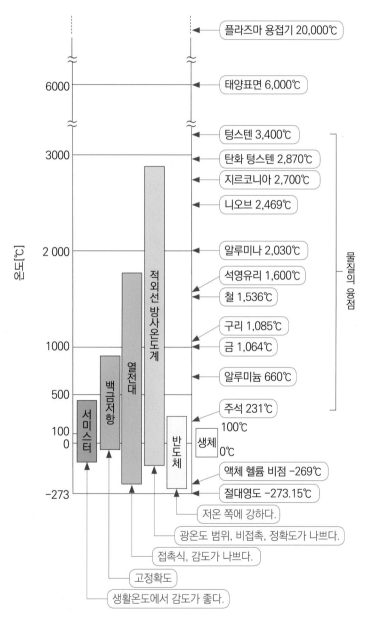

그림 2-16 각 온도센서의 측정가능 범위

낮은 온도는 존재하지 않는다. 위로는 끝없이 얼마든지 높은 온도를 생각할 수 있다.

저온 쪽의 대표는 리니어 신간센에도 이용되는 초전도 코일을 들 수 있다. 리니어신간센 철도에는 차량 내 니오브티탄 제품의 코일을 초전도 상태로 유지하기 위해서 액체 헬륨을 통해 -269℃ 이하로 냉각하는 장치가 탑재되어 있다.

고온 쪽은 금속물질이나 유리를 다루는데 필요하다. 이것들을 제조하는 공장 내부는 고온용 센서가 작동한다. 플라즈마 용접기는 철공소에서 몇 센치 두께의 강판을 자유로운 형상으로 절단하는 장치로, 이 장치에서 발생되는 플라즈마 상태의 기체온도는 몇 만 도나 된다.

(2) 적정온도는 몇 ℃?

생물의 활동에는 액체인 물이 필요하기 때문에 0℃~100℃ 부근의 온도범위가 중요하다.

생체온도는 동면중인 다람쥐의 체온인 5℃ 정도부터 온천수 속에 생식하는 호열균(好熱菌)의 80℃ 이상까지 있다. 심지어 건면(乾眠)으로 불리는 가사(假死)상태의 완보(緩步)동물은 0℃ 이하 100℃ 이상에서도 생명을 유지하는 것으로 알려져 있다. 하지만 우리 인간의 체온은 37℃ 부근에 있기 때문에 이 부근의 온도가 특히 중요하기 때문에 이에 적합한 많은 제품들이 나와 있다.

(3) 부패하고 나서는 늦는다…중요한 온도관리

우리 인간은 체온이 1℃만 상승하더라도 상태가 나빠진다. 이것은 몸속 단백질의 화학반응이 1℃ 정도의 온도변화에서도 큰 영향을 받기 때문이다. 가전제품에서는 냉장고, 전기포트, 전기밥솥, 에어컨 등 많은 제품이 온도에 의해 작동을 바꿀 필요가 있다. 공장에서도 화학변화를 일으키는 장치나 금속을 녹이는 장치 등이 안정적으로 작동하려면 온도 관리가 중요하다. 온도는 현대생활에 큰 영향을 끼치기 때문에 다양한 상황에 대응할 수 있도록 많은 종류의 온도센서가 있다.

2) 온도를 감지하는 서미스터

(1) 용도

온도계, 체온계, 전기포트나 에어컨, 레이저 프린터의 장착드럼 온도관리 등, 서미스터는 감도가 높고 저렴하기 때문에 대량으로 사용되고 있다.

(2) 원리

망간, 니켈, 철, 코발트 등 금속 산화물을 소결한 세라믹 소재는 온도에 따라 저항값이 크게 바뀌는 성질이 있다. 이처럼 온도에 민감한 저항체(Thermistor Sensitive Register)를 서미스터(Thermistor)라고 부른다.

그림 2-17은 비드형 서미스터(사진10)의 구조를 나타낸 것이다. 서미스터 소자를 2개의 금속선에 끼워 유리나 수지로

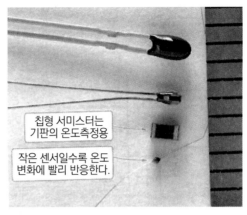

사진10 크기별 NTC형 서미스터
크기가 작은 센서는 열용량이 작기 때문에 온도변화에 신속하게 반응할 수 있다.

밀폐한 것이다. 완전한 밀폐구조이기 때문에 주변의 영향을 잘 받지 않도록 되어 있다.

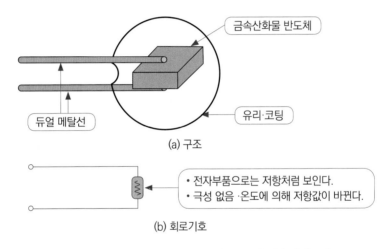

그림 2-17 온도변화에 신속히 반응하는 비드형 서미스터

(3) 특성(사양)

서미스터는 그림 2-18의 그래프처럼 크게 3종류로 나뉜다. NTC 서미스터는 온도와 함께 매끄럽게 저항값이 변하기 때문에 온도를 측정하는 센서로 사용된다. CTR 및 PIC 서미스터는 어느 온도에서 저항값이 급격히 바뀌기 때문에 온도 스위치로 이용된다.

그림 2-18의 그래프를 보면, 세로축이 대수(對數) 눈금이기 때문에 온도로 인한 저항값이 민감하게 바뀌는 것을 알 수 있다. 서미스터는 미묘한 온도변화를 측정할 수 있는 감도가 높은 온도센서이다.

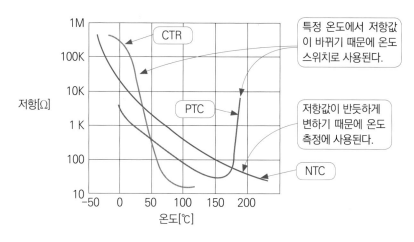

그림 2-18 서미스터의 특성

한편 그래프 상의 곡선이 나타나듯이 서미스터의 온도특성은 직선이 아니기 때문에, 온도계로서 온도값을 표시되게 하려면 보정이 필요하다. 이 점이 서미스터의 결점이다.

3) 온도를 감지하는 열전대

(1) 용도

연소온도 측정, 고온물체의 표면온도, 내부온도 측정에는 물체에 구멍을 뚫어 끼워 넣는다. 금속이나 화학물질을 다루는 공장에서는 몇 백도~몇 천도까지 온도를 측정할 필요가 있다. 열전대(熱電對)는 튼튼하고 고온에 강해 신뢰성이 높기 때문에 이런 공업용도로 널리 사용된다.

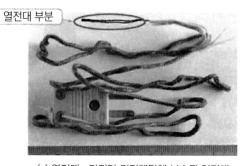

(a) 열전대 : 디지털·멀티메탈에 부속된 열전대

(2) 원리

열전대(사진11)는 2종류의 금속을 그림 2-19 처럼 접합하면 고온 쪽 T_1과 저온 쪽 T_2의 온도차 $\varDelta T$에 의해 열기전력으로 불리는 작은 전압이 발생한다. 여기서 T_1을 알고 있으면 $T_2 = T_1 + \varDelta T$가 되어 T_2를 알

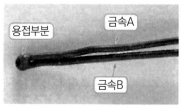

(b) 열전대의 끝부분 : 2종류의 금속선 끝을 용접한다. 온도가 측정되는 것은 접합부분으로, 중간 전선부분의 온도는 영향을 끼치지 않는다.

사진11 열전대

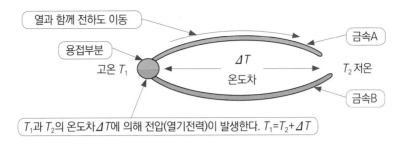

그림 2-19 연소물질이나 고온물질의 온도를 측정하는 열전대 원리

수 있다. 이 현상을 제베크효과라고 부른다.

2종류의 금속선 끝부분만 용접한 구조이다. 원리적으로는 비틀어서 합치기만 해도 되지만, 접촉부분의 부식이나 산화 영향을 방지하기 위해 용접한다.

반대로 전류를 흘리면 접합점에 온도차가 발생된다. 이런 현상을 펠티에효과라고한다. 전류 방향에서 흡열과 발열을 자유롭게 제어할 수 있는 펠티에소자(사진12)가 판매되고 있다. 펠티에소자에 온도차를 주면 전기를 만들

사진12 펠티에소자

백색 소자 안에는 직렬로 접속된 다수의 열전대가 배열되어 있다. 펠티에소자는 전류에 의해 흡열·발열하는 소자이지만, 온도차를 주면 전기가 발생한다.

수 있다(이렇게 사용할 때는 제베크소자로 불러야 한다는 주장도 있다).

(3) 특성(사양)

어떤 금속을 조합하더라도 열기전력은 발생하지만, 온도측정에 적합한 대표적 금속이 규격화되어 있다. 표 2-3처럼 알파벳 대문자로 표시되어 K형 열전대, J형 열전대로 불린다.

표 2-3 온도측정에 적합한 대표적 금속

기호	금속	온도범위		용도
		최저온도(°C)	최고온도(°C)	
K	크로멜·알루멜	−200	1,000	일반
T	구리·콘스탄탄	−200	300	저온
J	철·콘스탄탄	0	600	중온
R	백금·로듐	0	1,400	고온

• 크로멜 : 니켈, 크롬을 주성분으로 하는 금속

- 알루멜 : 니켈을 주성분으로 하는 금속
- 콘스탄탄 : 구리와 니켈을 주성분으로 하는 금속

열전대는 금속의 융점 근처까지 사용할 수 있기 때문에 고온 쪽 센서로서 공업용으로 널리 사용된다. 측정온도 범위가 넓다는 점이 장점이지만, 온도 분해능력이 나빠 실온 부근의 온도를 정확하게 측정하는 용도로는 적합하지 않다.

4) 온도를 감지하는 IC온도 센서(아날로그 출력)

(1) 용도

장치내부의 온도측정, 섭씨온도의 직접측정, CPU 내부의 온도 칩으로 온도측정 등에 이용된다.

(2) 원리

반도체는 양도체(良導體)인 금속과 전기가 전혀 통하지 않는 절연체와의 중간적 성질을 가지면서, 약간의 조건 차이로 전기저항이 크게 바뀌는 물질이다.

반도체 전자부품 중 다이오드나 트랜지스터가 대표라 할 수 있다. 이 부품들의 데이터 시트에는 반드시 고온에 의한 영향이 기재되어 있다. 회로설계에서는 반도체 특성이 온도로 인해 바뀌어서는 안된다.

IC온도센서(사진13)는 온도에 의한 변화 현상을 역으로 이용해 온도를 측정하는 재미있는 센서이다. 다이오드의 전류가 흐르는 방향을 순방향이라고 하는데, 순방향으로 전류를 흘리면 다이오드 양끝에는 반도체의 기종에 따라 0.3~0.7V의 전압이 발생한다. 반도체 온도센서는 순방향 전압이 약 $2mV/℃$ 비율로 변화하는 것을 이용한다.

사진13 아날로그 출력의 IC온도센서
LM35DZ(텍사스 인스트루먼트)
트랜지스터와 같은 패키지이기 때문에 형상으로는 구별이 안 된다.

사진13의 IC온도센서는 내부 다이오드의 전압변화를 증폭해 출력이 $10mV/℃$로 바뀌도록 조정된 것이다. 예를 들면 25℃에서는 250mV가 출력되기 때문에 전압계로 온도를 바로 읽을 수 있다(그림 2-20).

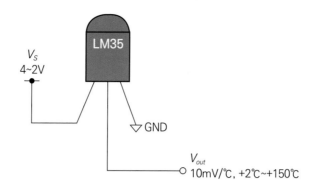

그림 2-20 LM35을 통한 온도측정 회로접속 예

(3) 특성(사양)

- 온도정확도 : ±0.5℃(25℃에서)
- 온도범위 : −55~150℃
- 감도 : 10mV/℃
- 작동전압 : 4~30V

어떤 IC든지 간에 내부에는 다이오드나 트랜지스터가 많이 들어 있다. 이들 내부 부품도 똑같은 온도계수를 갖기 때문에 온도센서로 이용할 수 있다. 실제로 칩 온도를 측정할 수 있는 IC도 많이 존재한다. 요즘 컴퓨터에는 CPU 온도를 표시할 수 있는데, 칩 안에 내장된 서멀 다이오드로 불리는 부품이 온도를 측정한다.

5) 온도를 감지하는 IC온도센서(디지털 출력)

(1) 용도

의료용 장치, 공기조절 기기, 컴퓨터 내부의 온도감시, 공업용 온도제어, 전력시스템의 온도감시 등에 이용된다.

(2) 원리

그림 2-21에서와 같이 ADT7420(아날로그 디바이시스)에는 온도센서와 16비트 A-D 컨버터가 포함되어 있어서 온도를 디지털 값으로 바로 읽을 수 있다(사진14). 또 단순히 분해능력만 높은 것이 아니라, 온도센서의 특성 편차를 IC마다 공정 내에서 조정해서 카

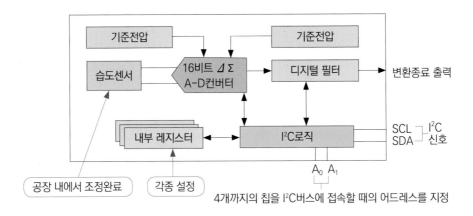

그림 2-21 IC온도센서 ADT6420의 내부구성

탈로그에 기재된 스펙을 보장한다는 특징을 갖고 있다.

아날로그 센서를 사용해 이런 특성을 가진 온도측정 장치를 만들려면 상당한 회로기술이 필요하다. 높은 정확도 높은 항온조(온도를 일정하게 유지하는 장치)에 넣어 1대 1대 조정할 필요가 있다. 그림 2-22(ADT7420의 어드레스 설정)와 같이 어드레스 단자 A_0, A_1을 설정해 개별 IC의 어드레스 번호를 결정할 수 있기 때문에, 한 개의 I^2C 버스로 4군데의 온도를 측정할 수 있다.

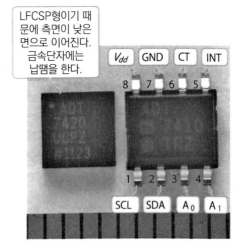

사진14 IC온도센서(디지털 출력) ADT7420, ADT7410
A/D컨버터를 내장해 컴퓨터와 I^2C로 통신한다. 기판상의 온도측정에는 편리하다.

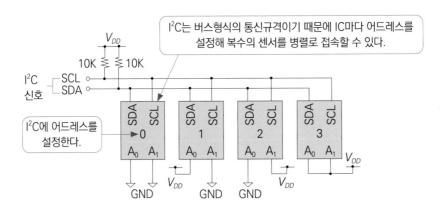

그림 2-22 IC온도센서 ADT7420의 어드레스 설정

(3) 특성

- 온도정확도 : ±0.25℃(-205℃~+115℃)
- 분해능력 : 0.0078℃
- 소비전력 : 0.7mW
- 인터페이스 : I²C
- 오차·직선성 : 출하 시 칩마다 교정완료
- 핀 배치 : 1. SCL I²C시리얼·클럭 입력
  2. SDA I²C시리얼·데이터 입출력
  3. A0 I²C시리얼·버스·어드레스 설정
  4. A1 I²C시리얼·버스·어드레스 설정
  5. INT I²C에서 설정된 상하한 온도를 넘으면 L_0가 되는 출력
  6. CT I²C에서 설정된 과열온도를 넘으면 L_0가 되는 출력
  7. GND 그라운드
  8. V_{dd} 전원 2.7V에서 5.5V

6) 비접촉으로 온도를 감지하는 방사온도계(적외선 서모파일)

(1) 특성

자동차나 우유의 온도계측, 튀김기름의 온도계측, 천정이나 벽면 등의 온도를 비접촉으로 측정한다.

(2) 원리

숯불에 손을 가까이 대면 손이 따뜻해진다. 고온의 숯불에서 방출되는 적외선이 손바닥으로 흡수되어 손의 온도가 올라가기 때문이다(그림 2-23). 숯불 같은 고온의 물체가

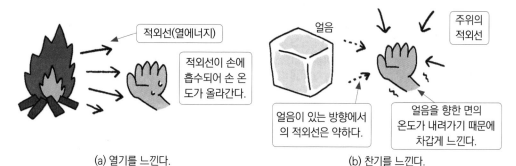

(a) 열기를 느낀다.   (b) 찬기를 느낀다.

그림 2-23 적외선 방사온도계의 원리

아니더라도 절대영도 이상의 물체는 온도에 따라서 적외선을 방출한다. 적외선 방사온도계는 이 적외선의 세기를 감지함으로써 떨어진 장소에서 비접촉으로 물체의 온도를 측정한다(그림 2-24).

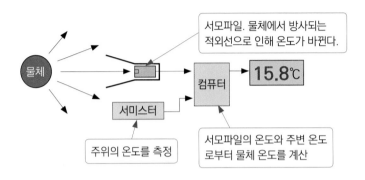

그림 2-24 적외선 방사온도계의 구조

다만 같은 온도의 물체라도 물질의 종류나 표면의 요철로 인해 방사되는 적외선 양이 다르기 때문에 접촉식 온도계보다도 정확도는 떨어진다.

물체에 따른 차이는 적외선을 방출하는 정도를 나타내는 「방사율」이라는 값으로 정해진다. 대표적인 물질의 방사율은 표 2-4과 같다.

표 2-4 대표적인 물질의 방사율

물질명	방사율
물	0.93
유리	0.95
고무	0.95
콘크리트	0.94
금속표면	0.1 이하
녹슨 철	0.5

방사율은 적외선이 전혀 방사되지 않는 0부터 이론적으로 방출 가능한 최대값에 대응하는 1까지의 값을 갖는다. 몸 주변의 물질은 광택이 나는 금속면을 제외하면 0.95 정도의 값을 갖기 때문에 사진15의 온도계는 방사율 0.95로 설정되어 있다. 정확도가 높은 방사온도계 중에서 방사율을 임의로 설정할 수 있는 기종도 있다.

맑은 날에 하늘을 향해 방사온도계로 측정하면 L_0로 표시되면서 측정이 안 된다. 이것

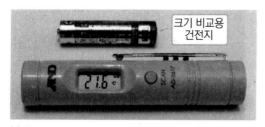

크기 비교용
건전지

적외선 방사온도계 내부

(a) 측정물체를 향해 버튼을 누르면 1초 정도에 표면온도를
측정한다.

(b) 왼쪽 끝의 금속부품이 적외선을 감지하는 센서소자. 센
서신호를 컴퓨터에서 처리해 액정화면에 표시한다.

사진15 적외선 방사온도계 AD-5617(A&D)

은 우주의 온도(약 -270℃)를 측정하려는 것과 똑같기 때문이다. 겨울에 기온이 내려가는 방사냉각 현상을 이해할 수 있을 것이다.

(3) 특성

• 측정온도범위 : -33℃~180℃	• 측정정확도 : ±2.5%나 ±2.5℃의 큰 쪽
• 분해능력 : 0.2℃(-9.8℃ 이하는 1℃)	• 측정시간 : 1s

7) 비접촉으로 적외선을 감지하는 집전센서(인체 감지센서)

(1) 용도

어두워지면 점등하는 가로등, 화장실의 환풍기 제어, 에어컨의 인체 감지센서 등에 이용된다.

(2) 원리

집전센서(사진16)는 인체에서 방사되는 미량의 적외선을 감지해 센서가 탐지할 수 있는 영역 내에서 사람의 출입을 감지한다.

인체에서 나오는 매우 약한 적외선을 감지하기 때문에 집전(集電)소자는 노이즈에 민감하다. 그러므로 그림 2-25처럼 밀폐된 실드 케이스에 들어가 있다. 소자의 출력은 내장된 FET(전계효과 트랜지스터)에서 증폭된 다음 출력된다.

여기서 사람이 방사하는 적외선을 감지한다.

사진16 집전센서 AKE-1(일본 세라믹)
인체에서 방사되는 원적외선만 통과시키는 광학필터는 가시광선에서는 불투명하다.

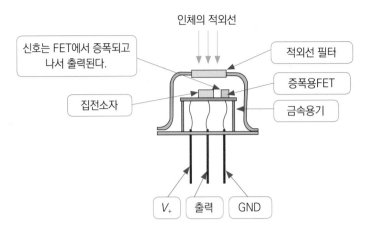

그림 2-25 인체의 적외선을 측정하는 집전센서 구조

센서 주변에는 사람 외에도 사람과 비슷한 온도의 물체가 많다. 이런 상태에서 집전센서는 어떻게 사람을 감지하는 것일까?

그림 2-26(집전센서의 반응)에서 처럼 집전 센서는 적외선 강도 자체가 아니라 적외선의 미세한 강도변화를 감지한다. 집전센서 영역 안으로 사람 등이 출입할 때, 사람의 이동을 감지하는 것이다. 사람이 영역 안에 있어도 움직이지 않으면 감지하지 못한다. 반대로 사람이 아니라도 주변과 온도차가 나는 물체가 센서 앞을 움직이면 센서는 반응한다.

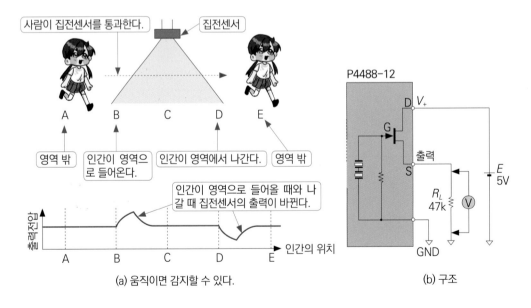

그림 2-26 집전센서의 반응

(3) 특성(사양)

- 형식 : 듀얼 엘리먼트
- 작동전압 : 3~10V
- 소스전압 : 0.3~1.5V(V_d=5V, R_L=47kΩ)

8) 습도를 감지하는 습도센서

(1) 용도

에어컨, 가습기, 제습기, 환풍기, 습도계, 농업용 하우스의 습도관리 등에 이용된다.

(2) 원리

습도센서(사진17)는 절연체인 세라믹 기판 상에 빗살같은 형상의 금속전극을 배치해 빗살 부분에 습도에 의해 저항값이 바뀌는 고분자 물질을 바른 것이다(그림 2-27). 주변 습도에 의한 저항값 변화를 측정하면 습도를 알 수 있다.

(a) 외관

하얀 세라믹 기판 상에 빗살형상의 금속전극이 구성되어 있다.

(b) 습도센서 내부의 건습소자
하얀 세라믹 기판 상에 빗살 형상의 금속전 극이 구성되어 있다. 사진 상으로는 알기 어렵지만 빗살 위에 투명한 고분자 물질이 발라져 있다.

사진17 습도센서

고분자 습도센서는 직류가 흘리면 파손되기 때문에 그림 2-28에서 처럼 교류를 흘려 측정해야하는데, 센서출력도 교류이기 때문에 정류를 해야 한다. 직선성(直線性)이나 온도에 따른 감도변화를 보정함으로써 습도값을 얻을 수 있는 것이다. 이런 보정을 아날로

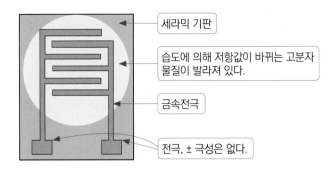

그림 2-27 에어컨에 사용되는 고분자 습도센서의 구조

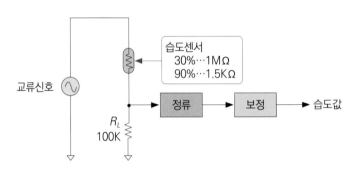

그림-28 고분자 습도센서의 신호처리

그 회로에서 하면 복잡해지기 때문에 컴퓨터를 내장한 센서도 활용된다.

이 외에도 더 높은 정확도의 센서도 있지만, 구조가 복잡하고 비싸기 때문에 고분자형 센서를 많이 사용하고 있다.

(3) 특성

- 측정원리 : 저항변화형 고분자막
- 측정범위 : 20~90%
- 측정정확도 : ±5%
- 측정주파수 : 50Hz~1kHz
- 구동전압 : AC 1V

9) 습도를 감지하는 디지털 습도센서 모듈

(1) 용도

사무실, 가정, 농업용 온실 등의 가습·제습기, 온습도를 측정하는 장치 등에 이용된다.

(2) 원리

디지털 온습도센서 모듈(사진18)은 그림 2-29에서 처럼 정전용량 방식 습도센서와 온도센서 및 8비트 컴퓨터가 내장되어 있다. 센서 특성은 공장 내에서 교정되어 교정값이 내장 컴퓨터에 보존되기 때문에 안정적인 측정이 가능하다고 데이터 시트에 기재되어 있다.

컴퓨터와는 1개의 데이터 선으로만 접속한다. 독자적 프로토콜로 데이터를 송수신하기 때문에 사용방법은 데이터 시트를 참조해야 한다.

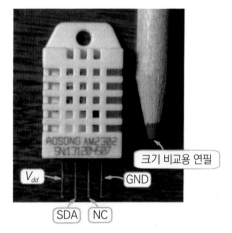

크기 비교용 연필

V_{dd} GND

SDA   NC

사진18 디지털 온습도센서 모듈 AM2302

디지털 출력 센서는 컴퓨터에 접속해 사용하는 경우, 단순한 디지털IC로 다룰 수 있어 편리하다.

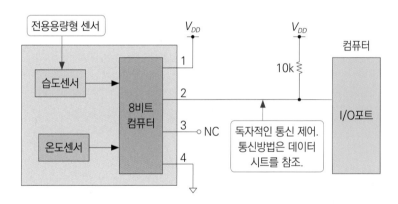

그림 2-29 실내 가습기 등에 사용되는 습도센서 AM2302의 접속

정전용량 방식 습도센서와 온도센서, 처리용 8비트 컴퓨터가 내장되어 1개의 데이터 선만으로 외부 컴퓨터와 통신한다.

(3) 특성(사양)

- 전원전압 : 3.3V부터 5.5V
- 측정시간 : 2s
- 측정정확도 : 습도 ±2%, 온도 ±0.5℃
- 핀 배열 : 1. V_{dd} 3.3V부터 5.5V 전원
  2. SDA 시리얼 데이터(독자적 1선방식 통신규격)
  3. NC 미접속
  4. GND 그라운드
- 소비전류 : 0.5mA
- 측정범위 : 습도 0~99.9%, 온도 −40~80℃

10) 압력을 감지하는 기압센서

(1) 용도

고도계 및 기압계, 스포츠용 손목시계의 기압센서, 기상관측 장치, 단시간의 고도변화 계측 등에 이용된다.

(2) 원리

기압센서(사진19)는 그림 2-30에서 같이 센서부분과 신호처리 부분을 상하로 겹치게 한 구조이다.

상부의 압력센서 부분에 실리콘 기판 내에 밀폐된 공간을 만들고 그 위에 약간의 변형(비틀림)을 감지할 수 있는 피에조 센서를 배치한다. 밀폐된 공간은 제조할 때 정해진 압력을 유지하기 때문에 외부 압력이 바뀌면 공간의 윗부분이 변형된다. 이 변형을 피에조 센서로 감지하는 것이다.

이곳으로 압력을 받아들인다.

사진19 MEMS 압력센서 모듈
LP331AP(STM 마이크로일렉트로닉스)

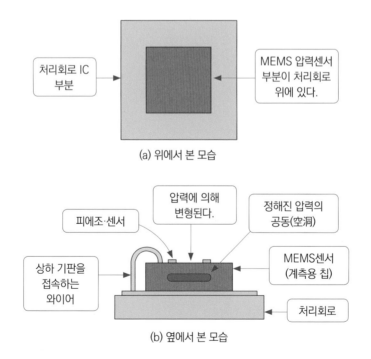

그림-30 스포츠용 손목시계에 사용되는 MEMS 압력센서의 내부구조

감지된 아날로그 신호는 아랫부분의 신호처리 회로에서 증폭되어 24비트의 고분해능력 A/D컨버터에 의해 수치화 된다(그림 2-31). 이어서 DSP(Digital Signal Processor)에서 보정되면서 정확한 압력값을 출력한다.

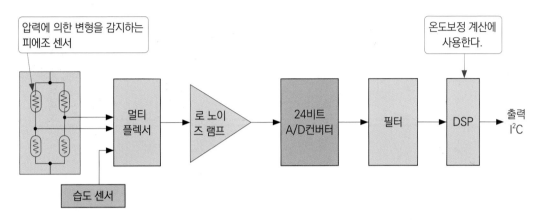

그림 2-31 MEMS 압력센서 내부의 신호처리

높은 분해능력을 얻기 위해서 24비트 A/D컨버터를 사용한다. 피에조 센서의 값은 습도영향을 받기 때문에 칩 위의 습도센서 값으로 보정한다.

(3) 특성(사양)

- 측정범위 : 260~1,260hPa(헥토 파스칼)
- 측정정확도 : 0.1hPa
- 변환비율 : 1~25Hz
- 전원전압 : 1.7~3.6V
- 소비전류 : 0.03mA

11) 온도를 전기신호로 바꾸는 센서

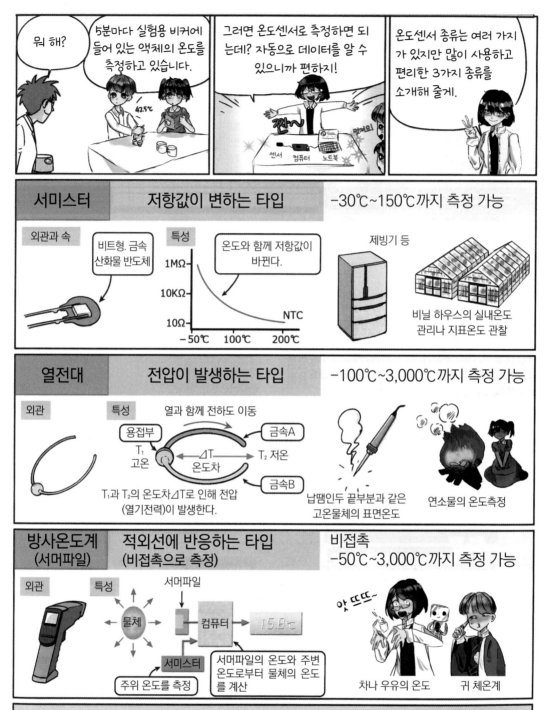

교훈 : 3대 온도센서 ① 서미스터, ② 열전대, ③ 방사온도계(서머파일)

4 진동·힘·비틀림·가속도를 감지하는 센서

1) 비틀림을 감지하는 스트레인 게이지

(1) 용도

몇 그램에서 몇 십 톤까지 모든 무게·힘의 측정, 고체의 변형 측정 등에 이용된다.

(2) 원리

철이나 알루미늄 등의 금속, 콘크리트나 세라믹 등과 같은 고체물질은 외부에서 힘이 가해지면 변형된다. 이 변형량을 공학에서는 「비틀림」이라고 한다. 비틀림 측정기 (strain gauge, 사진20)는 고체표면에 붙어서 고체의 공학적 비틀림을 측정하는 센서(그림 2-32)이다.

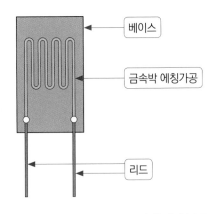

그림 2-32 금속박의 비틀림 측정기 구조

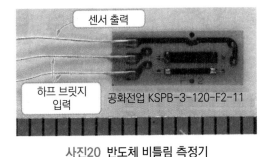

사진20 반도체 비틀림 측정기

반도체 비틀림 측정기는 일반적인 박(箔, 얇은 금속조각) 게이지보다 100배 정도의 감도를 좋지만, 온도 변화가 크다. 스트레인 게이지에서는 온도 변화에 대한 보정을 게이지가 탑재되어 있다.

고체의 비틀림은 고체에 가해진 힘에 정확하게 비례하기 때문에 비틀림을 측정하면 힘을 정확하게 측정할 수 있다. 그러므로 스크레인게이지를 이용하여 정확한 힘 측정기 (力計) 또는 무게 측정기(重量計)를 만들 수 있다.

그림 2-33과 같이 측정하는 힘의 크기에 따라 고체부분의 변형의 크기를 식으로 나타내고, 비틀림을 측정할 수 있기 때문에 비틀림 측정기를 제작하여 사용할 수 있다. 비틀림 측정기는 단독으로 사용하기보다는, 센서를 만들기 위한 부품이다. 스트레인게이지는 접착하기 때문에 재이용은 어렵기 때문에 사용 후 폐기해야 한다.

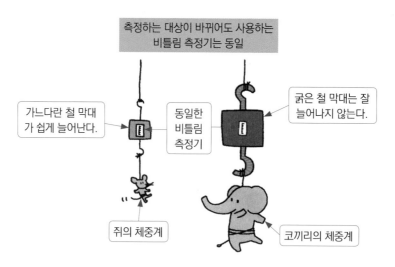

측정하는 대상이 바뀌어도 사용하는
비틀림 측정기는 동일

가느다란 철 막대
가 쉽게 늘어난다.

동일한
비틀림
측정기

굵은 철 막대는 잘
늘어나지 않는다.

쥐의 체중계

코끼리의 체중계

그림 2-33 비틀림 측정기를 사용한 체중계

(3) 반도체 비틀림 측정기의 특성 예

- 측정기 길이 : 2mm
- 저항값 : 124Ω
- 측정비율 : 129

2) 힘을 감지하는 힘센서

(1) 용도

힘 측정, 무게 측정, 진동 측정 등에 이용된다.

(2) 원리

힘 센서는 그림 2-34과 같이 금속 막대의 굴절 정도를 비틀림 측정기로 측정한다. 금속 막대를 당겨서 늘리려면 강한 힘이 필요하지만, 휘게 하는 것은 간단하다. 휘게 하면 작은 힘으로도 변형이 많이 발생하기 때문에 감도가 높은 힘 센서를 만들 수 있다.

막대를 눌러 끝이 내려가는 경우, 막대 윗면은 눌리면서 늘어나고 아랫면은 수축된다. 위아래에 비틀림 측정기를 붙여서 그림 2-34와 같이 저항 브릿지 회로

사진21 힘 센서를 내장한 휴대용
전자저울

0.01g 단위로 100g까지 측정가능. 측정할 것을 올려놓으면 LED 백라이트가 점등하기 때문에 물건이 놓인 것을 감지하는 센서라고도 할 수 있다.

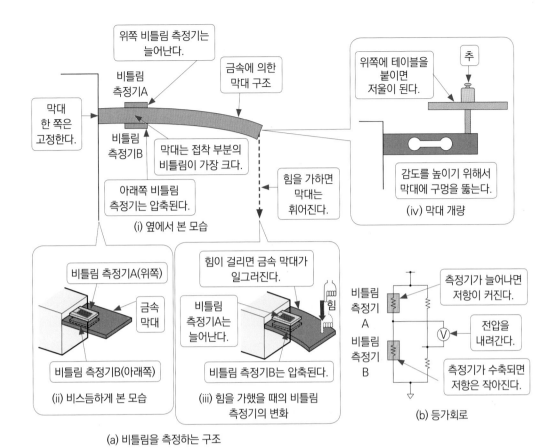

그림 2-34 굴절 비틀림을 이용한 힘 측정

에 넣으면 2배의 감도를 더 얻을 수 있다. 막대를 얇게 하면 쉽게 휘게 할 수 있어서 감도가 올라가지만, 끝부분이 크게 내려가 상태가 나빠지기 때문에 **그림 2-34**와 같이 막대 일부에 구멍을 뚫고 그 부근이 쉽게 휘도록 하는 방법이 있다. 시판되는 주방저울(**사진 21**)을 분해해 보면 실제로 이런 구조로 되어 있다.

(3) 특성

- 크기 : 45×75×13mm
- 무게 : 36g
- 측정범위 : 0~500g

비틀림 측정기를 사용한 힘 센서는 막대의 구조나 재질에 따라 특성이 크게 바뀌지만, 비틀림 측정기의 저항변화를 측정한다는 점은 공통이기 때문에 감지회로는 대부분 똑같다.

3) 진동을 감지하는 압력소자

(1) 용도

진동하는 물체에 붙여 진동을 측정하는데 사용한다. 진동에너지를 전력으로 바꿔서 콘덴서에 저장하는, 친환경 발전(發電)을 할 수 있다.

(2) 원리

PZT(Piezoeletric)로 불리는 물질(티탄산 지르콘산납)은 힘이 가해져 변형되면 표면에 압력이 생긴다(그림 2-35). 이것을 이용해 힘이나 변형을 감지하는 것이 압전소자(사진22)이다.

전압이 발생하지만 전지같이 전류가 계속 흐르는 것은 아니고, 힘을 빼면 전류를 역방향으로 흘러 원래대로 돌아간다. 그림

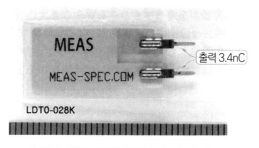

사진22 필름형상의 압전소자 LDT0-028K (TE 커넥티비티)
얇은 세라믹으로 만들어진 압전소자가 수지 필름으로 씌워져 있다.

2-35과 같이 물탱크를 판 사이에 끼운 구조와 비슷하다. 이 상태에서 판에 힘을 주면 탱크가 수축하면서 물이 압출되지만, 힘을 빼면 탱크가 원래 크기로 돌아오면서 압축되었던 것과 똑같은 양의 물을 빨아들인다. 압전소자가 전기에 대해 똑같은 작동을 하는 것이다.

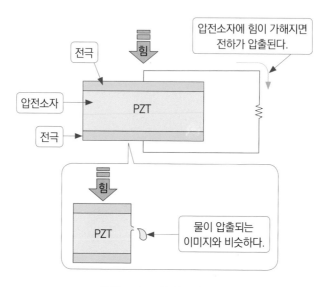

그림 2-35 압전소자 구조

(3) 특성(사양)

- 압전소자 두께 : 0.028mm
- 개방전압 : 12V(끝부분 변위 4mm일 때)
- 출력저항 : 거의 무한대

사진22의 압전소자는 얇고 약간의 힘으로도 휘어지지만, 큰 전압이 발생된다. 예를 들어 LED를 직접 연결해 필름 끝부분을 손가락으로 튕기면 순간적으로 LED가 발광한다.

4) 진동을 감지하는 가속도센서

(1) 용도

자동차 충돌실험에서 가속도 측정, 기계의 진동측정, 공학적 실험에서 가속도측정 등, 공학적 실험이나 기계설비에서 사용되는 튼튼한 센서이다.

(2) 원리

가속도센서(사진23)는 그림 2-36(a)와 같이 베이스 금속과 추 사이에 압전소자를 끼워 금속케이스 안에 들어가 있다. 이 상태에서 센서를 손에 쥐고 휘휘 돌리면 센서에 가속도가 걸린다. 추에 발생하는 관성력이 압전소자를 변형시키기 때문에 출력 커넥터에 전압이 발생한다.

압전방식 가속도센서는 감도가 높

사진23 압전방식 가속도센서
가운데 센서는 고가속도용, 우측 센서는 고감도형. 통상적으로 감도가 높은 센서일수록 커진다.

은 센서일수록 커지는 경향이 있다. 그리고 고감도 센서는 큰 가속도에는 견디지 못한다. 자동차의 충돌실험 등과 같이 높은 가속도가 생길 경우, 감도가 낮고 작으면서도 튼튼한 센서가 사용된다.

센서는 측정대상에 고정해야 하기 때문에 바닥면에 나사 구멍이 있다. 대부분 이 나사 구멍에 연결한 마그넷으로 측정대상에 고정한다. 측정대상이 자성체가 아닐 때는 순간접착제를 사용할 수도 있다.

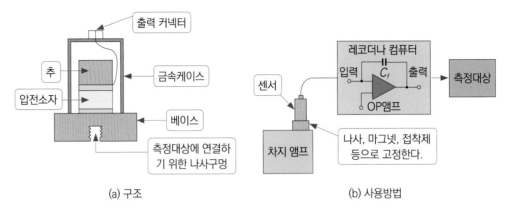

(a) 구조   (b) 사용방법

그림 2-36 압전방식 가속도센서

(3) 특성(일반적인 센서 사양)

- 감도 : 50pC/G
- 무게 : 20g
- 주파수범위 : 1~5,000Hz

압전방식 센서에서 압출되는 「전기」는 전하(단위는 C, 쿨롬)로 불리며, 전자 개수와 대응된다. 가속도 1g에 대해 출력되는 전하량이 가속도센서의 감도이다. 1g 가속도에 대해 50pC(피코 쿨롬)의 전하가 출력된다.

전하량를 정확하게 측정하려면 그림 2-36(b)과 같이 차지 앰프로 불리는 특수한 증폭기가 필요하다. 차지 앰프는 전하 증폭기라고도 불리는데, 압출되어 나온 전하 양을 변환하는 장치이다. OP앰프 IC와 콘덴서로 구성되는 회로이다.

5) 진동·힘·비틀림을 전기신호로 바꾸는 센서

5 소리·초음파를 감지하는 센서

1) 소리를 감지하는 마이크로폰(마이크)

(1) 용도

인터폰, 전화, 확성기, 각종 강연회의 마이크는 공기의 진동인 음파를 감지한다.

(2) 원리

음파(音波)란 그림 2-37과 같이 공기 속에서 전달되어 나가는 압력변화이다. 거기에 얇고 가벼운 막을 두면 압력변화에 따라 막이 움직인다. 이런 움직임을 전기신호로 바꾸는 센서가 마이크로폰(마이크)이다.

마이크로폰은 음성을 다루는 전자기기에서는 반드시 필요한 센서로, 전자기술의 가장 초기 무렵부터 사용되어 왔다. 지금까지 다양한 방식이 고안되고 개량되어 왔지만, 현재는 2가지 방식이 주로 이용되고 있다.

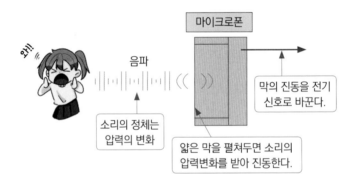

그림 2-37 **마이크로폰의 원리**

① **다이내믹 마이크로폰**

그림 2-38과 같이 진동막에 가벼운 코일이 고정되어 있어 음파에 맞춰서 코일이 움직인다. 코일은 영구자석에 의한 자장 안에 있기 때문에 진동하면 음성에 맞춰서 전류가 발생한다.

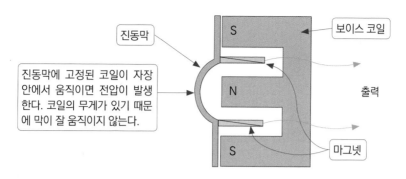

그림 2-38 다이내믹 마이크로폰의 구조

구조를 잘 살펴보면 원리는 스피커와 똑같다는 것을 알 수 있다. 스피커는 그대로 마이크로폰으로도 사용할 수 있다. 저렴한 트랜시버나 인터폰 중에는 스피커와 마이크로폰을 같이 사용하는 제품도 있다.

다이내믹 마이크로폰은 진동판에 고정된 코일이 추 역할을 하기 때문에, 높은 주파수의 음에는 약하다. 하지만 신뢰성이 높고 잘 손상되지 않기 때문에 야외 콘서트 등에서 사용된다.

② 콘덴서 마이크로폰

진동막 뒷쪽에 금속을 증착해 전극으로 하고 맞은편에 다른 전극을 배치하면 콘덴서가 된다. 이 상태에서 진동막에 음파가 도달하면 콘덴서 용량이 음파에 맞춰서 바뀐다. 이런 용량변화를 전기신호로 바꾸는 것이 콘덴서 마이크로폰(사진 24)이다.

콘덴서 마이크로폰의 진동막에는 코일 같이 추 역할을 하는 것이 없기 때문에 높은 주파수의 소리까지 대응할 수 있다 (그림 2-39).

사진24 콘덴서 마이크로폰

인터폰이나 전화 등의 음성용으로 많이 사용된다. 스마트폰 등의 휴대전화에는 가장 작은 마이크로폰이 필요하다.

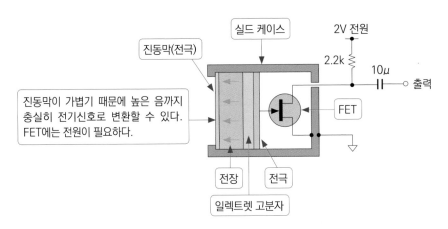

그림 2-39 일렉트렛 콘덴서 마이크로폰

콘덴서 용량을 전압으로 바꾸려면 콘덴서에 높은 전압을 걸어야 한다. 초기 제품은 높은 전압을 발생하는 전자회로를 탑재했었기 때문에 콘덴서 마이크로폰이 크고 무거웠다.

이런 단점을 해결하기 위해 높은 전압이 걸린 상태를 유지하는 일렉트릭(electret) 고분자를 사용함으로써 고전압이 필요 없는 일렉트렛 콘덴서 마이크로폰이 개발되어 현재까지 주류를 이루고 있다. 한편 고전압은 필요 없지만 내장하는 FET 때문에 외부전원이 필요하다.

(3) 특성(일렉트렛 콘덴서 마이크로폰)

• 작동전압 : 2V   • 소비전류 : 0.5mA   • 주파수특성 : 50~16kHz

2) 초음파를 감지하는 초음파센서

(1) 용도

초음파 거리계 등, 대기 속의 초음파를 감지하는 박쥐의 귀 같은 센서이다.

(2) 원리

박쥐는 자신이 내보내는 초음파의 반사음을 통해 외부세계를 인식하면서 어둠 속에서도 비행할 수 있는 것으로 알려져 있다. 이와 마찬가지로 초음파를 발산하거나 감지하는 소자가 초음파 센서이다.

그림 2-40은 초음파센서(사진25) 구조를 나타낸 것이다. 압전소자를 사이에 둔 2개의

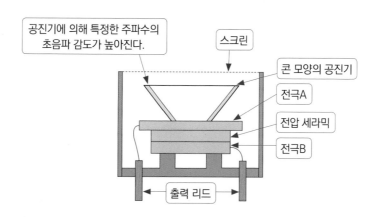

그림 2-40 **초음파센서 구조**

금속판에 20kHz 이상의 교류신호를 가하면 압전소자가 진동하면서 초음파가 발생한다. 콘 모양의 공진기는 압전소자의 초음파 진동을 효율적으로 공기로 보내기 위한 구조이다.

사진25 **초음파센서**
내부 보호와 밀폐를 위해서 앞면에 금속 메시가 설치된다. 초음파센서는 송신을 위한 액추에이터로도 사용된다.

공진기를 포함해 센서 전체의 구조로 결정되는 공진주파수가 가해지면 초음파 진동이 효율적으로 공기로 전달된다. **사진25** 제품은 공진주파수가 40kHz 정도이다.

초음파센서는 물체까지의 거리를 비접촉으로 측정하는데 사용된다. 순간적으로 초음파가 발생한 다음 대상으로부터 반사되어 돌아올 때까지의 시간을 측정함으로써 음속으로 거리를 계산한다(그림 2-41).

(3) 특성(사양)

- 직경 : 16mm
- 중심주파수 : 40kHz
- 최대전압 : 20V

가청대역(可聽帶域) 마이크로폰은 넓은 주파수 범위의 음성신호를 충실하게 전기신호로 변환하도록 만들어진다.

그에 반해 초음파센서는 반사파를 감지하기 위한 수신기로 사용하기 때문에, 송신주파수와 수신주파수를 정해 놓고 그 주파수만 감지하도록 설계되어 있다.

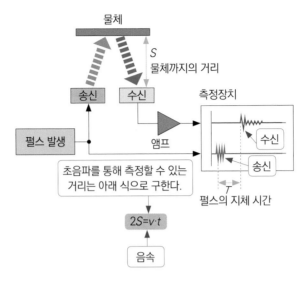

그림 2-41 **초음파센서에 의한 거리측정**

3) 초음파를 감지하는 AE센서

(1) 용도

구조물의 파손감시, 물체의 충돌감지, 재료개발 등. 고체 속의 초음파를 감지하는 공업용 센서이다.

(2) 원리

AE센서(사진 26)의 AE는 음향 반출(Acoustic Emission)의 약어로, 고체물질이 파손될 때 고체 내부에서 발생하는 음향신호를 의미한다.

그림 2-42(a)는 AE센서의 구조를 나타낸 것이다. 압전방식 가속도센서와 많이 비슷해 보이지만 가속도센서에는 있는 추가 없다. 고체 속에서 전달되는 음향신호가 직접 압전소자를 변형시키고 그로 인해 전하가 출력된다.

AE센서에는 일상적으로 외부의 음향신호가 들어오지만, 파손에 따른 AE는 몇 100kHz~몇 MHz로 주파수가 매우 높기 때문에 고주파 통과 필터 (High Pass Filte) AE만 감지한다.

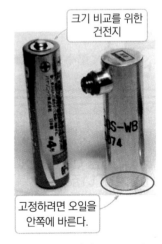

사진26 **AE센서 AE-900S-WB(NF 회로설계 블록)**
압전방식 가속도센서와 비슷 하지만 추가 내장되지 않아서 가볍다.

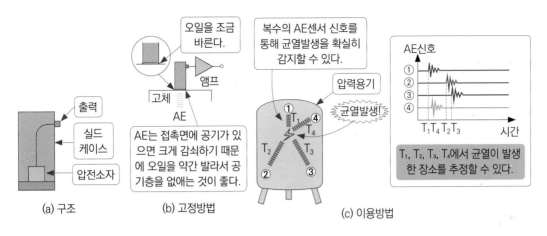

(a) 구조   (b) 고정방법   (c) 이용방법

그림 2-42 AE센서

용도로는 그림 2-42(b)처럼 구조물에 복수의 AE센서를 고정한다. 그림 2-42(c)에서와 같이 균열로 인해 발생한 AE신호의 시간차로부터 균열이 발생한 장소를 추정할 수 있다. 지진계 기록에서 진원을 추정하는 것과 같은 개념이다. 일상생활에서는 잘 볼 수 없는 특수한 센서로, 주로 구조물 감시나 공학적 실험에서 사용된다.

(3) 특성(AE-900S-WB사양)

- 치수 : 직경 12mm, 길이 40mm   • 주파수 특성 : 100kHz~1MHz

압전소자에서 나오는 출력이기 때문에 차지 앰프로 증폭할 필요가 있다. 또 주파수가 높기 때문에 고속 앰프가 필요한데, 앰프 이후의 처리회로까지 포함해 고도의 회로기술이 요구된다.

4) 소리를 전기신호로 바꾸는 센서

소리는 물체가 진동하여 주변의 공기(물속이라면 물)를 밀거나 당기면 공기의 밀도가 바뀌므로 그 파(음파)가 주변으로 퍼져나가는 현상이지.

음파가 다른 물체에 부딪치면 그 물체를 밀거나 당기게 돼.

그 힘을 그다지 강하지 않지만 가볍고 얇은 물체, 예를 들면 막 같으면 공기의 진동에 맞춰서 앞으로 움직여. 그 움직임을 전기신호로 바꾸는 센서가 바로 「마이크로폰(마이크)」이야.

아~아~

음파

압력변화가 소리의 정체

마이크로폰

막의 진동을 전기신호로 바꾼다.

얇은 막을 당겨두면 소리의 압력변화를 받아 진동한다.

속은 이렇게 되어 있어. 가볍고 얇은 막으로 콘덴서가 구성되어 있어서 그 정전용량을 바꾸는 거지.

이것을 전압신호로 바꿔. 작지만 전원이 필요하고, 이런 타입을 「콘덴서 마이크로폰」이라고 부르지.

속

실드 케이스
진동막(전극)
2V 전원
2.2kΩ
출력
10μF
트랜지스터 (J FET)
일렉트렛 고분자
전극
전장

외관

위쪽   아래쪽

목소리 저장기
내 고양이...
으음, 발자국 발견
전원

이런 원리를 응용하면 거리를 계측할 수가 있어. 「초음파」는 인간 귀에는 들리지 않는 20kHz 이상의 특별한 음파야. 초음파센서도 마이크 같은 종류지만 높은 주파수에 응답할 수 있도록 세라믹 압전소자를 사용해.

원리

물체
S···물체까지의 거리
송신   수신
측정장치
펄스 발생
앰프
$2S = v \cdot t$
거리측정센서
v ···음속
t ···펄스의 지체시간

주파수가 높은 음파는 잘 굴절되지 않기 때문에(지향성이 강하다는 뜻) 센서가 향한 방향의 장해물 유무를 알 수 있는 거야.

자동차의 장해물 감지

고체 내부를 보는 초음파 현미경

교훈 : 마이크로폰은 공기의 압력변화를 전기신호로 바꾸는 센서이다.

6 위치·거리·각도를 측정하는 센서

1) 비접촉으로 물체의 유무를 감지하는 포토 인터럽터

(1) 용도

프린터 내부의 용지공급 확인, 비접촉으로 물체의 이동을 확인한다.

(2) 원리

포토 인터럽터(Interrupter, 사진27)는 적외선 LED와 적외선 포토 트랜지스터가 서로 마주보고 설치되어 있어 빛이 통과하는 홈 부분을 차광성 물체가 통과 유무로 감지할 수 있다(그림 2-43).

비접촉으로 물체의 유무를 감지할 수 있기 때문에 종이 등과 같이 접촉하면 변형되는 부드러운 물체를 감지할 수 있다.

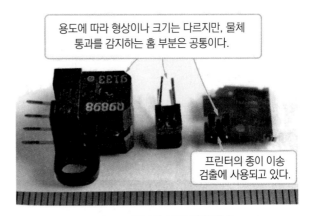

용도에 따라 형상이나 크기는 다르지만, 물체 통과를 감지하는 홈 부분은 공통이다.

프린터의 종이 이송 검출에 사용되고 있다.

사진27 3종류의 포토 인터럽터
용도에 따라 형상이나 크기는 다르지만, 물체가 통과하기 위한 홈 부분은 공통이다.

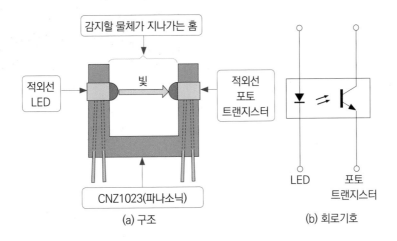

감지할 물체가 지나가는 홈

적외선 LED · 빛 · 적외선 포토 트랜지스터

CNZ1023(파나소닉)

(a) 구조

LED 포토 트랜지스터

(b) 회로기호

그림 2-43 포토 인터럽터

(3) 포트 인터럽터의 결점

LED를 점등해야 하기 때문에 항상 전력을 소비한다는 점이 포토 인터럽터의 결점이다.

컴퓨터 자체의 소비전류가 몇 mA 정도일 때 LED에 5mA를 흘리는 일은 낭비가 심한 것이다. 복잡한 산업기기에서는 포토 인터럽터 수량도 많아지기 때문에 LED 소비전류를 무시하지 못한다. 이런 경우는 필요할 때만 LED가 점등되도록 하는 제어가 필요하다.

(4) 특성(소형 포토 인터럽터의 사양 예)

- LED 순전압 : 1.1V(IF=5mA)
- 출력 암전류 : 0.1μA
- 출력전류 : 150μA(LED전류 5mA)
- 상승시간 : 10μs(부하저항1㏀)

2) 비접촉으로 물체의 유무 거리를 감지하는 PSD 거리센서

(1) 용도

청소 로봇의 벽까지의 거리, 소형 로봇의 장해물 감지 등에 이용된다.

(2) 원리

PSD(Position Sensitive Detector) 거리센서(사진28)는 적외선LED가 투광렌즈를 통해 확산이 작은 빔으로 대상물에 조사되어 대상물 상에 스폿(spot)을 만든다 (그림 2-44). 스폿에서 반사된 빛이 수광(受光) 렌즈를 통해 PSD 상에 투영된다.

사진28 거리센서 GP2Y0A21YK(샤프)
왼쪽이 투광 렌즈, 오른쪽이 수광 렌즈. 커넥터는 3핀으로 GND와 전원, 출력단자만 있다.

PSD는 투영된 빛의 중심위치를 감지하는 아날로그 센서이기 때문에, PSD 상에 투영된 형상에서 스폿 방향을 파악한다. PSD와 LED와의 거리는 알고 있기 때문에 삼각측량 원리를 통해 물체까지의 거리를 알아낼 수 있다.

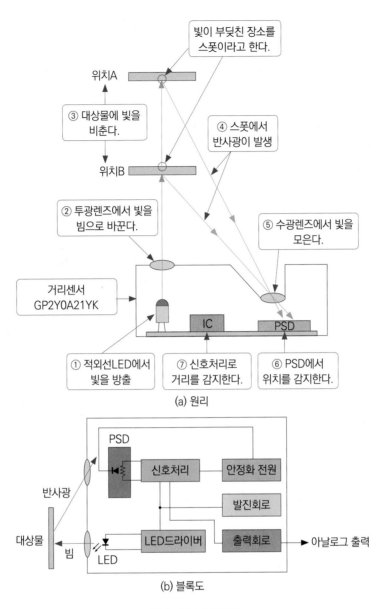

빛이 부딪친 장소를
스폿이라고 한다.

위치A

③ 대상물에 빛을
비춘다.

④ 스폿에서
반사광이 발생

위치B

② 투광렌즈에서 빛을
빔으로 바꾼다.

⑤ 수광렌즈에서 빛을
모은다.

거리센서
GP2Y0A21YK

IC

PSD

① 적외선LED에서
빛을 방출

⑦ 신호처리로
거리를 감지한다.

⑥ PSD에서
위치를 감지한다.

(a) 원리

PSD

신호처리

안정화 전원

반사광

발진회로

대상물

LED드라이버

출력회로

아날로그 출력

빔

LED

(b) 블록도

그림 2-44 거리센서

(3) 특성(사양)

- 측정거리 : 10cm~80cm
- 전원전압 : 4.5V~5.5V
- 소비전류 : 30mA(80cm)
- 전압변화 : 2V(10cm~80cm까지)

3) 각도를 감지하는 아날로그 볼륨/가변저항기

(1) 용도

아날로그 값의 설정, 기계장치의 회전부분 각도감지 등에 이용된다.

(2) 원리

아날로그 볼륨(사진29)은 원둘레에 도포된 저항체와 중앙의 금속박 위를 금속제품의 슬라이더가 양쪽에 접촉하면서 회전한다(그림 2-45). 저항체의 양쪽과 중앙의 금속박에서 단자를 빼낸다.

값이 정밀한 설정용 10회전 정도의 다회전 타입은 감속기구가 추가되지만 기본적 구조는 똑같다. 아날로그 볼륨은 아날로그 회로장치의 필수부품으로, 디지털 기술이 등장할 때까지 라디오나 TV, 오디오 기기 등 모든 장치에 사용되었다. 가변저항기라고도 하는 볼륨

사진29 아날로그 볼륨
볼륨은 사람이 설정한 각도를 감지하는 센서라고도 할 수 있다.

은 사람이 조작하기 위한 부품이지만, 회로 쪽에서 보면 사람이 설정한 값을 감지하기 위한 센서이다.

최근에는 스마트폰 조작으로 대표되는 터치 스위치가 대세이다. 하지만 실온 같이 연속적으로 바뀌는 양을 설정하기에는 상하 버튼을 몇 번이고 계속 누르는 것보다 볼륨으로 설정하는 편이 사람의 감각에 맞는 것처럼 느껴진다.

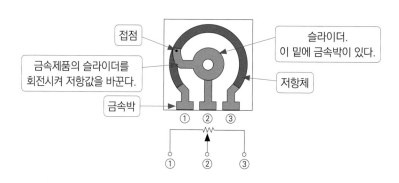

그림 2-45 아날로그 볼륨/가변저항기의 구조

(3) 산업용 가변저항기

원리적으로는 아날로그 볼륨도 기계장치의 각도를 감지하는데 이용할 수 있지만, 사람의 조작보다 사용빈도가 훨씬 많기 때문에 내구성을 고려한 구조로 되어 있다. 이 용도로 사용되는 가변저항기를 퍼텐셔미터(potentiometer)라고 해서, 1억 회전의 내구성을 보증하는 제품도 있다.

(4) 특성(대표적 제품의 사양, B커브)

- 저항값 : 50Ω~2MΩ
- 정격전력 : 1/2W
- 회전각도 : 280도

그림 2-46은 회전각도와 저항변화의 관계를 나타낸 것이다. B커브는 일반적인 전자기기용이다. 예를 들어 전원장치의 전압장치 볼륨은 회전각도와 설정전압 값이 비례할 필요가 있기 때문에 B커브를 사용한다.

A커브는 오디오 앰프, 라디오 등의 음량조정용이다. 인간의 청각은 소리 크기를 대수특성으로 인식하기 때문에 사람이 느끼는 소리의 크기와 저항기의 각도가 일치하도록 A커브가 사용된다. 산업용 가변저항기에는 이런 커브 개념이 없고 각도와 저항값의 관계는 B커브에 상당하는 직선적 변화뿐이다.

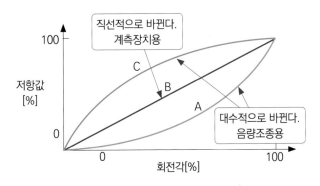

그림 2-46 회전각도와 저항의 변화량 차이
용도에 따라 적합한 커브 형상을 선택한다.

4) 각도 회전수를 감지하는 로터리 엔코더

(1) 용도

로봇, 공작기계, 기타 산업기계의 회전감지 등, 회전각도를 디지털 값으로 감지한다.

(2) 원리

기계적 접점식. 계측기 패널에서 값을 설정한다.

광학식. 고속·고분해 능력의 산업기계용

사진30 광학식 로터리 인코더

사진 속 좌측 제품은 산업기계용에서 고속·고분해능력을 발휘하는 광학식, 우측 제품은 계측기의 패널 등에서 값을 설정하는데 사용되는 기계적 접점식이다.

로터리 엔코더(encoder, 사진30)는 빛이 통과하는 슬릿을 가진 원반을 회전시킴으로써 빛이 차단되는 회수를 계산해 회전각도를 감지한다.

회전방향이 정해지면 단순히 슬릿의 통과회수만 계산하지만 회전장치는 양방향으로 회전한다. 우회전 시에는 측정값이 증가하고, 좌회전 시에는 측정값이 감소한다.

그러기 위해서는 그림 2-47처럼 조금 어긋난 슬릿을 사용해 2개의 광센서로 감지하면

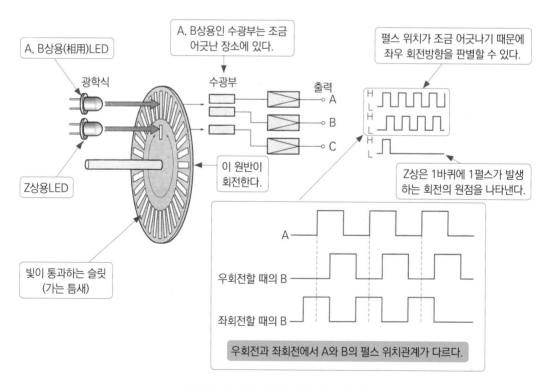

A, B상용(相用)LED

광학식

Z상용LED

빛이 통과하는 슬릿
(가는 틈새)

A, B상용인 수광부는 조금 어긋난 장소에 있다.

수광부

출력

이 원반이 회전한다.

펄스 위치가 조금 어긋나기 때문에 좌우 회전방향을 판별할 수 있다.

Z상은 1바퀴에 1펄스가 발생하는 회전의 원점을 나타낸다.

A

우회전할 때의 B

좌회전할 때의 B

우회전과 좌회전에서 A와 B의 펄스 위치관계가 다르다.

그림 2-47 인크리멘털 엔코더의 원리

회전방향을 인식할 수 있다. 이런 타입이 일반적이다. 이처럼 통과한 슬릿 개수를 계산하는 방식을 인크리멘털 엔코더(Incremental Encoder, 증분 암호기)라고 한다. 인크리멘털 방식은 구조가 간단하고 저렴하지만, 최초 상태에서의 상대적 이동량만 알 수 있다.

산업용 기계장치, 예를 들어 공작기계는 인크리멘털 인코더를 사용하기 때문에 운전을 시작할 때 반드시 원점복귀라는 조작이 필요하다. 조작 시점을 원점으로 하고 그 지점부터 상대적으로 이동한 양으로 장치를 제어한다.

볼륨 같은 절대적 각도를 감지하려면 슬릿을 더 늘릴 필요가 있다. 예를 들면 1바퀴를 256으로 분할했을 경우, 최저 8개의 슬릿이 필요하다.

(3) 사람을 위한 로터리 엔코더

대표적 아날로그 계측장치였던 오실로스코프도 근래에는 완전히 디지털로 바뀌었다. 그래도 조작 패널에는 아직도 볼륨 같이 회전하는 노브가 달린 제품이 남아 있다. 돌린다고 하는 조작감각이 뛰어나기 때문이라고 생각된다. 이런 용도로 저렴한 기계적 접점식인 로터리 엔코더가 사용된다. 디지털화한 기계에서도 아날로그적 조작감각이 필요한 곳에 사용되고 있다.

(4) 특성(소형 로터리 엔코더 사양 예)

- 전원전압 : 5V~12V
- 소비전류 : 50mA 이하
- 분해능력 : 1회전 200펄스
- 최고회전수 : 5000rpm
- 출력형식 : 오픈 콜렉터

5) 기계 작동을 감지하는 마이크로 스위치

(1) 용도

전자레인지나 세탁기의 도어 스위치. 특유의 클릭감을 이용한 마우스 버튼. DVD 드라이브의 트레이 개폐감지(움직임이 있는 기계장치의 각 부분이 목표위치까지 도달했는지 아닌지를 감지) 등에 이용된다.

(2) 원리

작은 스위치를 「마이크로 스위치」라고 하는 것이 아니다. 기계작동을 감지하기 위한 부품으로 정해진 공업규격을 충족하는 스위치가 「마이크로 스위치」(사진31)이다.

(3) 마이크로 스위치의 구조

그림 2-48에서와 같이 마이크로 스위치 내부에는 금속제품의 스냅 액션 기구가 있다. 이 기구가 마이크로 스위치의 특징이다.

레버가 내려가면 이어서 플런저가 눌리게 되고, 어느 위치에서 스냅 액션 기구가 순간적으로 변형되면서 접점이 고속으로 전환된다. 고속으로 접점끼리 충돌함으로써 접점의 오염이나 스파크로 인한 오염을 막을 수 있다.

또 기계적 스위치의 결점인 채터링(chattering)을 줄일 수 있다. 우리 주변에는 마우스 버튼에 사용되는데, 그 딸각거리는 느낌이 마이크로 스위치 특유의 반응이다(사진32).

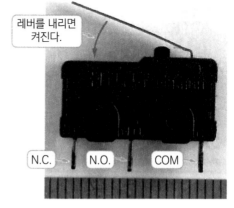

사진31 마이크로 스위치
대표적인 기계적 센서. 엘리베이터, 전차, 가전제품, 프린터, 생산기계 등에서 사용된다.

사진32 마우스에 사용되는 마이크로 스위치
분해한 마우스 내부. 가운데에 있는 중간 버튼이 롤러이고, 그 앞쪽이 오른손 버튼용 마이크로 스위치. 하얀 부분이 플런저.

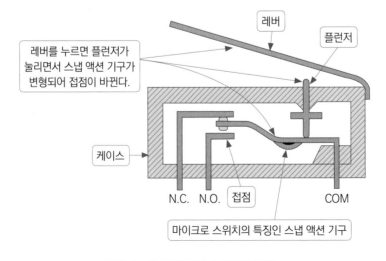

그림 2-48 마이크로 스위치의 구조

(4) 특성(초소형 마이크로 스위치의 사양 예)

- 정격 : 30V, 0.1A
- 최소부하 : 5V, 1mA(이 이상에서 사용할 필요가 있다.)
- 절연저항 : 100㏁ 이상
- 접촉저항 : 0.1Ω 이하
- 내구성 : 20만회 이상

작동에 필요한 힘이나 접점의 허용전류, 전압에 따라 여러 가지 종류가 있지만, 다루는 전력이 커지면 스위치도 커진다. 위치 감지용인 경우는 접점의 용량보다 기계적 반복 정확도와 수명이 문제이다.

6) 기계 작동을 감지하는 리드 스위치

(1) 용도

가스 미터, 자동차용 전기장치, 노트북 내부 등에 이용된다.

(2) 원리

리드 스위치(사진33)는 그림 2-49에서와 같이 유리관 양쪽에서 금속전극이 삽입되어 있다. 2개 전극 사이에는 약간의 틈새가 있어 통상적으로 오프상태이다. 전극이 자성체로 만들어졌기 때문에 리드 스위치에 자석을 대면 양쪽의 전극이 달라붙으면서 켜지게 된다.

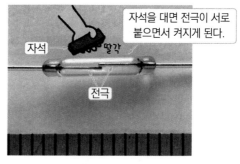

사진33 리드 스위치
유리관 속에 접점이 있고, 그 상태에서 약간 떨어져 있다.
자석을 대면 자력으로 접점이 붙으면서 전기가 흐른다.

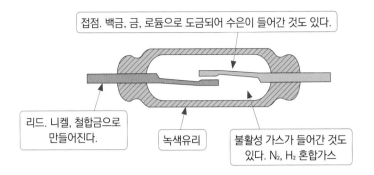

접점. 백금, 금, 로듐으로 도금되어 수은이 들어간 것도 있다.

리드. 니켈, 철합금으로 만들어진다.

녹색유리

불활성 가스가 들어간 것도 있다. N_2, H_2 혼합가스

그림 2-49 리드 스위치의 구조

(3) 특성

자력에 의해 접점끼리 달라붙기 때문에 채터링이 거의 발생하지 않는다. 심지어 접점 부분에 소량의 수은을 사용하여 채터링이 전혀 발생하지 않는 제품도 있다.

유리관에 밀폐되어 있기 때문에 먼지나 오일 등의 오염에 강하고, 나쁜 환경에서도 안정적으로 작동한다. 신뢰성을 높이기 위해서 불활성 가스를 밀봉한 제품도 있다.

자석을 갖다 대면 자력이 천천히 바뀌기 때문에, 켤 때의 자석과 리드 스위치와의 거리나 자세 재현성이 나쁜 것이 단점이다.

(4) 특성(사양 예)

- 절연내압 : 100V
- 최대전류 : 0.5V
- 절연저항 : 1,000MΩ 이상
- 접촉저항 : 0.15Ω 이하
- 내구성 : 50만회 이상

7) 위치·거리를 전기신호로 바꾸는 센서

스마트폰에 적용하는 센서

1. 휴대기기에서 사용하는 센서

스마트폰에 적용하는 센서

1 휴대기기에서 사용하는 센서

▲ 한 사람 당 한 개

▲ 휴대전자 기기의 전자부품

스마트폰으로 대표되는 휴대형 전자기기에는 몇 종류나 되는 소형 센서가 들어 있다. 스마트폰 외에 손목시계나 디지털 카메라에도 여러 가지 센서가 탑재된 제품이 있다.

휴대용 전자기기에 탑재되는 센서의 특징은 기판에 탑재할 수 있을 정도로 작다는 점, 인간의 동작을 감지할 목적으로 측정범위를 특화했다는 것이 특징이다.

1) 육안으로 확인할 수 있는 초소형 MEMS 기술

움직임을 측정하는 센서로 소개한 압전형 가속도센서는 여러 개의 부품을 조합해서 만들기 때문에 아무래도 커지게 된다. 하지만 휴대형 전자기기에 사용되는 센서는 소형화가 요구되기 때문에 IC 제품기술을 이용한 MEMS(멤스, Micro Electro Mechanical System)기술로 만들어진다.

MEMS는 IC 칩에 아주 작은 기계적 구조와 그 구조변형을 감지하는 센서 신호를 처리하여 회로까지 넣어, 기계적 정보를 감지할 수 있는 IC칩 제조 기술이다.

반도체 집적회로(IC)는 실리콘 판 위에 아주 작은 저항이나 트랜지스터를 다수 배열해 놓고, 상호 배선으로 연결해 복잡한 기능을 실현한다.

실리콘 일부에 홈을 만들면 기계적 추나 탄성을 만들 수 있다. 이 구조를 만들어 넣은 IC칩을 돌리면 운동 가속도에 비례해 추가 움직이기 때문에, 추의 움직임(변위)을 측정함으로써 가속도 크기를 알 수 있다.

추와 실리콘 기판 사이에 콘덴서를 만들어 놓으면 추의 변위를 정전용량 변화로 감지할 수 있다. 용량변화는 아주 작기 때문에 증폭할 필요가 있다. 이런 이유로 같은 칩 상에 용량변화를 증폭하는 앰프와 A/D컨버터를 집적한 것이 디지털 출력의 가속도센서 IC이다.

뭔가 복잡한 부품처럼 생각될지도 모르지만, MEMS 센서는 구성부품 모두 반도체 기술로 하나의 실리콘 상에 만들 수 있기 때문에 다음 같은 큰 장점이 있다.

> 장점 ① … 여러 개의 부품으로 조립할 필요가 없기 때문에 안정적 제품을 저렴하게 제조할 수 있다.
> 장점 ② … IC칩으로서 회로기판 상에 실장할 수 있기 때문에 장치 전체를 소형화할 수 있다.

MEMS 센서로는 가속도센서, 각속도센서, 압력센서, 지자기센서 등이 실용화되어, 스마트폰, 게임기기 등의 휴대전자 기기에 다수 탑재되고 있다.

2) 절대위치와 시각을 감지하는 GPS

(1) 용도

손목시계, 스마트폰, 디지털 카메라, 자율 운행하는 배나 비행기, 자동차 내비게이션의 위치 감지, 지형의 정밀한 감시 등에 이용된다.

(2) 원리

GPS(그림 3-1)는 지구를 도는 GPS 위성으로부터 나오는 전파를 수신하는 무선장치와 위성신호로부터 위치를 계산하는 컴퓨터를 집적한장치이다. 지구상에서 자신의 위치를 감지하는 센서소자라고 생각할 수 있다. GPS위성에는 오차가 몇 십만 년에 일 초밖에

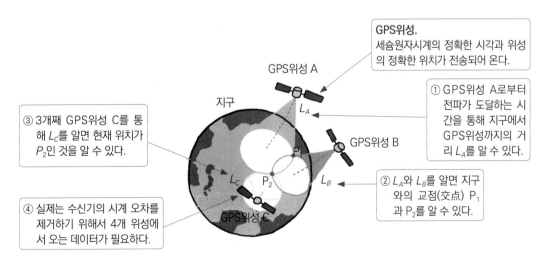

그림 3-1 GPS 원리

안 나는 세슘원자시계가 탑재되어 있기 때문에 정확한 시각과 위성의 위치정보에 기초하여 수신기 위치가 계산된다.

GPS 수신장치(사진34)로부터 얻는 현재 시각은 GPS위성에 탑재된 세슘원자시계의 시각이기 때문에 매우 정확하다.

시계는 갈릴레오 갈릴레이의 진자로부터 시작되어, 이론이 실용화한 수정시계를 거쳐, GPS를 이용한,

사진34 GPS 수신장치
기판 윗면은 안테나 부분. 회로는 기판 뒷쪽에 있다.

보다 높은 정확도를 얻게 되었다(한편으로 유럽의 오랜 도시에서는 지금도 300년이 더 된 기계식 시계가 움직이고 있다).

(3) 특성(사양)

- 전원전압 : 3.3~6V
- 치수 : 25mm×35mm×3.8mm
- 위치정확도 : 2.5m

- 소비전류 : 35mA
- 수신채널수 : 48채널
- 측정시간 : 1s

3) 각속도를 감지하는 자이로 센서

(1) 용도

스마트폰, 자동차 내비게이션, 선박, 항공기, 로켓, 미사일, 가정용 비디오의 손떨림 감지 등에 이용된다.

(2) 원리

자이로스코프 센서(Gyroscope Sensor, 평형상태를 측정하는 센서, 이하 자이로 센서, 사진35, 사진36)는 스마트폰의 길안내 어플리케이션이나

사진35 3축 자이로 센서
사진은 IC의 내부모습. 납땜용 전극이 보인다.

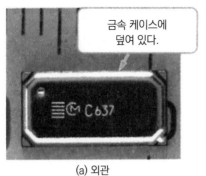

(a) 외관

(b) 진동 자이로의 내부
윗면의 금속 케이스를 없애고 내부를 노출한 모습. 가운데 부분에 압전소자에 의한 진동자가 있다.

사진36 진동 자이로
윗면의 금속 케이스를 없애고, 내부를 노출한 모습. 가운데 부분에 압전소자에 의한 진동자가 있다.

자동차의 내비게이션 장치에서 장치가 향하고 있는 방향을 감지하기 위해서 사용된다.

단 자이로 센서는 「각속도(角速度)」센서라 불리며 회전하는 속도를 감지하는 센서이기 때문에, 각도는 직접 감지하지 못 한다(그림 3-2). 하지만 각속도센서의 출력을 적분하여 각도를 구할 수 있다. 가장 정확도가 높은 자이로 센서는 항공기, 우주선의 방향을 제어하는데 사용되고 있다.

자이로 센서를 발명한 것은 푸코의 진자 발명가이기도 한, 레옹 푸코라는 프랑스 기술자이다. 자이로 센서는 어뢰나 미사일의 명중률을 높이기 위해 군사기술에 의해 발달, 발전하였다. 자이로 센서뿐만 아니라 IC나 로켓, 인터넷도 시작은 군사 기술이었다. 새로운 기술은 항상 밝은 미래와 함께 이야기되지만, 그 발전 과정에는 어두운 측면이 있는 것도 사실이다.

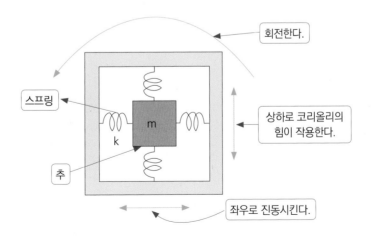

그림 3-2 자이로 센서의 원리

4) 마주하고 있는 방향을 감지하는 지자기센서(전자컴퍼스)

(1) 용도

스마트폰, 디지털 카메라 등과 같이 GPS를 이용하면 위치는 정확히 알 수 있지만 장치의 방향은 알지 못한다. 지자기(地磁氣)를 이용하여 장치가 마주하고 있는 방향을 감지하기 위한 센서이다.

(2) 원리

지자기센서(사진37)는 지자기를 감지하는 전자컴퍼스이다. 지자기는 매우 약하기 때문에 고감도 자기센서소자가 사용된다(그림 3-3). 지자기를 이용할 때의 문제점은 지자기의 자극이 지구의 회전축에서 기울어져 있기 때문에 애초부터 오차가 있다는 것이다. 휴대용기기 내부의 스피커, 자성

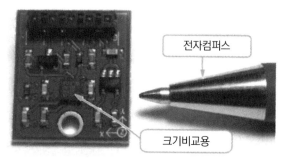

사진37 지자기센서의 평가보드
가운데 IC가 전자컴퍼스. 새로운 IC를 평가할 때는 이런 평가보드가 편리하다.

체 영향으로 오차가 생길 수 있음에 주의해야 한다.

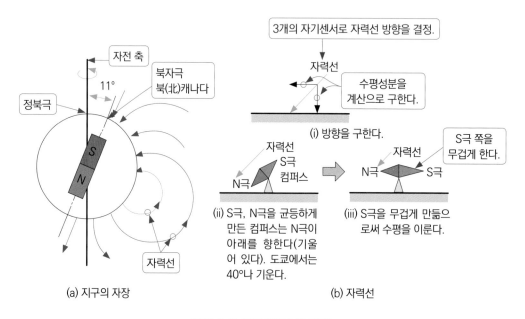

그림 3-3 전자컴퍼스의 원리

그래서 전자컴퍼스 메이커에서는 지자기가 아래를 향하기 때문에 방위자석의 무게 균형을 바꿔 수평이 되도록 만든다. 전자컴퍼스에서는 3축방향의 지자기를 측정한 다음, 계산을 통해 수평방향 성분만 추출한다.

지구의 지자기는 수 백 만 년마다 N극과 S극이 교체된 역사가 있다(그 시대에 지금의 장치를 가져가면 남북이 반대가 된다).

(3) 특성(6축 전자컴퍼스 AK8978)

- 패키지 : 26핀 LGA 3.0mm×5.0mm×1.0mm
- 측정범위, 자기측정범위 : ±1,200μT
- 가속도 측정범위 : ±2g, ±4g, ±8g, ±16g
- 측정 분해능력, 자기측정 분해능력 : 0.3μT
- 가속도측정 분해능력 : 4mg
- 인터페이스 : I²C & SPI

6축 전자컴퍼스는 지자기센서와 자이로 센서를 하나의 IC에 집적한 제품이다.

5) 중력가속도를 감지하는 중력센서

(1) 용도

휴대전화, 의료계측 기기, 게임 및 포인팅 기기, 공업용 계측장비, 퍼스널 내비게이션 장치, 하드 디스크 드라이브(HDD)의 보호 등에 이용된다.

(2) 원리

게임을 할 때 게임을 위한 조이스틱이나 장치의 움직임을 감지하여 소프트웨어를 통해 화면에 게이머의 움직임을 표시한다. 카메라에서는 카메라의 기울기를 감지해 표기하는 전자수준기(水準器)로도 사용한다.

(3) 특성(아날로그 디바이센스의 ADXL346)

- 전원전압 : 2.7V
- 소비전류 : 23μA
- 분해능력 : 10비트~13비트
- 측정범위 : ±2~±16G
- 인터페이스 : I²C 및 SPI
- 치수 : 3mm×3mm×0.95mm

6) 접촉한 위치를 감지하는 터치센서

(1) 용도

스마트폰, 태블릿PC 등에서 손가락이 터치한 위치를 감지 등에 이용된다.

(2) 원리

스마트폰 화면은 유리 표면에 닿기만 해도 반응해 터치한 위치를 감지한다. 정전용량 방식 센서기술이 사용되기 때문이다(그림 3-4).

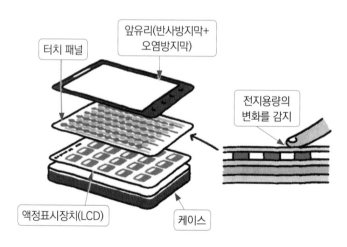

그림 3-4 터치 센서의 원리

터치센서는 휴대기기마다 사용하게 때문에 단독 센서소자로 판매되는 일은 드물다. 터치패널은 정전용량을 감지하기 위해서 전용 IC가 이용된다. 이들 IC는 다채널 입력을 갖고 있어, 내부에서 정전용량을 디지털 값으로 변환해 출력하기 때문에 아날로그 회로를 전혀 사용하지 않고 필요한 정보를 얻을 수 있다.

터치센서는 가동부분이 없고 부품개수도 적기 때문에, 고장이 적을 뿐만 아니라 저렴하고 디자인도 자유롭기 때문에 휴대용 전자기기의 많이 사용되고 있다.

최근에는 자동차의 공기조절도 화면을 터치하는 터치센서를 이용하고 있다. 그러나 자동차에서 시선을 돌리지 않고 감촉으로 조작할 수 있는 기계적 다이얼 장치가 안전운전에 적합할 수도 있다.

(3) 터치패널용 IC의 특성

- 입력채널 수 : 12채널
- 전원전압 : 1.7~3.6V
- 소비전류 : 평균 30μA
- 인터페이스 : I²C
- 치수 : 3mm×3mm×0.65mm

7) 화면을 처리하는 초소형 이미지센서

(1) 용도

스마트폰, 펜이나 손목시계에 내장되는 초소형 카메라 등. 스마트폰에는 필수적으로 디지털 카메라가 탑재된다. 몇 밀리 각의 큐브 안에 렌즈, 이미지 센서, 화상처리 회로를 넣어 JPEG로 압축된 화상 데이터를 읽어낼 수 있다.

(2) 내장모듈의 특성

- 크기 : 8mm×8mm×6mm
- 화소수 : 1,300만
- 정지화면 : 4,000×3,000픽셀
- 동영상 : Full HD(1080,60fps)

이런 카메라 모듈은 휴대기기 전용이기 때문에 전자부품으로 판매되는 경우는 거의 없다. 상세한 데이터 시트도 입수하기 어렵다.

8) 스마트폰에 들어가는 다양한 센서

스마트폰이나 태블릿 PC 등의 휴대기기 내부에는 여러 가지 센서가 들어 있지.

휴대기기에 들어가는 센서는 작고, 소비전력이 적어야 해. 작게 만들기 위해 디지털 신호에서 컴퓨터와 직결하는 IC타입의 센서가 최근에는 많아지고 있지.

작다
이 정도!

낮은 소비전력
 3.3V 10μA

IC화

마이크로폰

음성을 전기신호로 바꾸는 센서. 스마트폰이나 음성녹음기 등 음성을 입력하는 기기에 탑재된다.

기압·온도센서

주위의 기압이나 온도를 감지하는 센서. 스포츠용 손목시계나 기상관측 장치에도 들어간다.

지자기센서

전자컴퍼스. 북쪽 방향을 알려준다(GPS는 현재 위치는 알 수 있지만 북쪽이 어느 쪽인지는 알려주지 않는다).

가속도·중력센서

휴대기기의 움직임을 가속도 변화로 감지. 중력 방향을 기준하여 지면에 대한 휴대기기의 방향을 감지한다.

각속도(자이로)센서

외관 스프링
코리올리의 힘이 작용한다.
추

각속도를 적분함으로써 휴대기기의 이동속도를 알 수 있다. 장시간 계속되면 오차가 누적되기 때문에 지자기센서나 GPS 정보를 보정한다.

터치센서

스마트폰 화면에 사용된다. 손가락이 어디를 터치했는지 감지하는 센서. 현재의 가장 많이 사용되는 정전용량 방식.

이미지센서

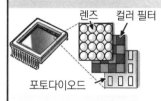

렌즈   컬러 필터
포토다이오드

빛을 전기신호로 변환하는 다이오드를 가득 배열한 다음, 빛의 세기분만 아니라 빛의 강도분포까지 감지한다.

GPS

GPS 위성에서 오는 전파를 받아 지구상에서 자신의 위치를 감지하는 센서소자. 10만 년에 몇 초밖에 오차가 나지 않는 시계이기도 하다.

전류센서

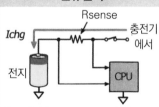

Rsense
Ichg   충전기에서
전지   CPU

전류 소비를 모니터링하면서 배터리 잔량을 계산하여 화면에 표시한다.

차량에
사용하는 센서

차량에 사용하는 센서

1 차량용 센서

1) 차량용 센서 분류

차량용 센서는 카 일렉트로닉스로 불리는 전자제어기술에서 중요한 역할을 맡는다.

차량의 전자제어 시스템은 기본적으로 그림 4-1과 같은 구성으로 이루어져 있다. 센서나 스위치 신호가 ECU(Electronic Control Unit)로 입력되면 ECU 내에서 신호처리, 연산처리, 논리처리 등이 이루어진 다음, 파워 디바이스를 매개로 적절한 제어명령이 모터나 솔레노이드 등과 같은 액추에이터에서 실행된다. 최근에는 차량내의 ECU에서 통신용 LAN(Local Aera Network) 트랜시버를 갖추어 다른 ECU 또는 스마트 액추에이터로 불리는 자율제어 기능을 내장한 액추에이터 등과 통신하면서 각 정보를 교환, 보정하여 제어하는 경우도 많아지고 있다.

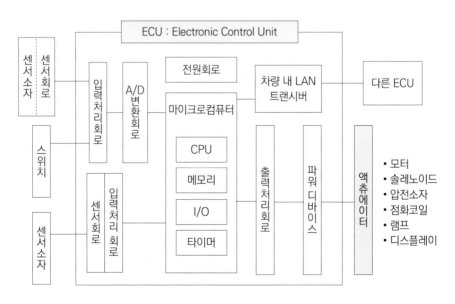

그림 4-1 **전자제어 시스템의 기본구성**

차량용 센서는 그림 4-2처럼 자동차 상태나 외부 정보 등을 검출해 그것을 전기신호로 변환하여 제어입력정보 또는 피드백 정보로 ECU에 보내는 역할을 한다. 자동차에는 이런 과정을 위해서 많은 센서가 장착되어 있다. 그림 4-3은 가솔린엔진 제어에 사용되는 센서들을 예로 나타낸 것이다. 이런 센서들이 모든 엔진에 사용되는 것은 아니지만 적어도 10종 이상은 활용된다.

표 4-1은 차량용 주요센서를 정리, 분류한 것이다. 차량용 센서의 분류도 다양한 관점이 있지만, 검출목적과 검출대상을 2축으로 정리했다. 검출목적은 온도나 압력 등과 같

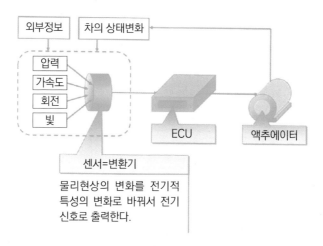

그림 4-2 자동차 센서의 역할

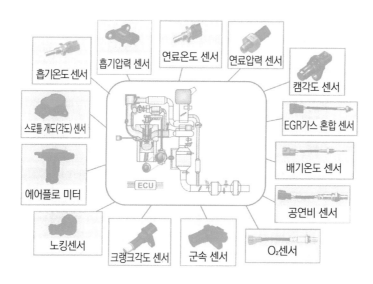

그림 4-3 가솔린엔진 제어에 사용하는 주요센서

이 제어시스템이 필요로 하는 검출대상의 특징적 양을 측정하는 것으로, 제어목적이 똑같다 하더라도 무엇을 특징적 양으로 검출하느냐는 제어시스템의 기준으로 설계한다.

표 4-1 대표적 차량용 센서의 분류

검출대상 검출목적	차량상태	주위환경	탑승객 (조작·상태)
온도	• 흡기온도, EGR가스온도, 변속기유온, 배터리온도, 수온, 내부공기온도, 엔진유온, 배기온도, 이배퍼레이터 출구온도, 연료온도	• 외부공기온도	• **탑승객표면온도**
압력	• **흡기압력, 브레이크유압, 변속기유압, 타이어공기압, 터보압력, 에어컨냉매압력, 파워스티어링 유압, 배출가스압력, 탱크내부압력, 가솔린연료압력, 디젤 커먼레일 압력, 연소압력**	• 대기압	
가속도 각속도 진동	• **전면충돌, 전방(크래시 존), 롤오버, ESC용, 측면충돌, 에어백, 서스펜션용, 경사계, 요레이트, 롤레이트**, 노킹		
회전 위치	• **크랭크각도, 속도, 스로틀 개도, 변속기 회전수, 캠각도, 바퀴속도, 차고**		• **스티어링** • **액셀개도** • **브레이크페달**
토크	• **스티어링 토크**		
액면	• 연료, 엔진오일, 브레이크오일		
전류	• **배터리전류**		
유량	• **흡입공기량(에어플로 미터)**		
가스농도 공기질	• O$_2$, 공연비, NOx, **스모크, 습도**	• 실외공기질 (배출가스)	
광량 (밝기)		• **일사**, 주변 빛 (라이트, 미러)	
물체의 유무·거리		• 백소나, 코너소나, **레이저/밀리파 레이더, 빗방울**	• **탑승객감지** • **침입감지**
화상		• **후방감시, 주변감시, 전방감시, 암시카메라**	• **운전자 모니터**

예를 들면 가솔린엔진을 제어할 때, 공연비(흡입공기량과 연료 분사량의 비율)를 제어하기 위해서는 흡입공기량을 검출할 필요가 있다. 여기에는 에어플로 미터를 이용해 공기유량을 직접 계측하는 방식, 흡기압력 센서로 흡기관 내 부압을 검출한 다음 엔진 회전

수를 통해 간접적으로 흡입공기량을 구하는 방식이 있다. 모든 방식의 목적은 흡입공기량의 검출이지만, 흡기압력 센서를 이용하는 방식은 공기량을 흡기관 내 압력으로 선택해 제어시스템을 설계하는 것이다. 따라서 에어플로 미터의 검출목적은 유량으로, 흡기압력 센서는 압력으로 분류한다. 검출목적은 센서가 검출하는 직접적 물리량과 반드시 일치하지는 않는다는 사실에 주의해야 한다. 예를들어 회전정보를 취득하기 위한 센서 중 광량의 변화를 검출해 회전수를 검출하는 센서가 있는데, 이것은 빛 정보와 회전 정보를 취득하는 센서로 분류한다.

자동차 상태의 정보를 취득하는 것과 주위 환경 및 탑승객의 조작, 상태의 정보를 취득하는 것 등 3가지로 구분한다. 표 4-1에서 굵은 글씨의 센서는 다음 항에서 살펴볼 반도체 센서가 사용되는 센서들이다.

이 표에서 취득한 정보를 목적별로 보면 온도나 압력, 가속도, 회전각 등 다양한 센서가 많다는 것을 알 수 있다. 이 센서들의 특징적 양이 자동차 전자제어 시스템의 기본정보가 된다고 할 수 있다. 한편 취득 정보에 대해서는 차 상태를 확인하는 것이 뿐만 아니라 최근 자동차 발달에 따라 안전성, 쾌적성이 좋아지면서 주위 환경, 탑승객 상태의 정보를 취득하는 센서들도 새롭게 탑재되고 있다. 이런 다양한 센서들의 역할과 중요성은 앞으로도 더 커질 것이다.

2) 차량용 반도체 센서

센서의 검출부 기능을 구성하는 재료는 금속과 세라믹(대부분 금속산화물), 반도체, 고분자 유기재료 등으로 나눌 수 있다. 실리콘은 반도체를 가장 대표하며 빛을 전류 또는 전압으로 분류하는 광기전력 효과나 응력에 대해 저항값이 민감하게 바뀌는 피에조 효과 등, 독특한 센서기능을 갖고 있다. 일반적으로 이런 반도체의 물리적 특성을 이용해 센싱 부분에 반도체 재료를 사용한 센서를 반도체 센서라고 부른다. 센싱 부분의 구성 재료가 반도체가 아니라도 박막의 형성이나 미세한 에칭(Etching) 등과 같이 반도체 집적회로 제조기술을 이용해 센싱 부분을 반도체 웨이퍼 상을 형성해 센서 장치로 만든것을 포함해 차량용 반도체 센서라고도 한다.

이런 정의를 바탕으로 표 4-1의 차량용 센서 가운데 반도체 센서가 사용되는 것을 굵은 문자로 나타냈다. 표를 보면 온도와 액면(液面), 가스농도 이외의 정보 취득을 목적으로 한 대부분의 반도체 센서가 다용도로 사용되는 것을 알 수 있다.

(1) 반도체 센서의 특징

실리콘의 웨이퍼 가공을 기반으로 한 반도체 센서에는 다음과 같은 4가지 특징이 있다.

◆ 감도 높은 다양한 센서기능을 물리적 특성으로 갖고 있다는 점

◆ 실리콘 자체가 뛰어난 재료특성을 갖는다는 점

◆ MEMS(Micro Electro Mechanical Systems) 또는 마이크로 머시닝이라고 불리는 기술로 미세한 구조물을 높은 정확도로 제작할 수 있다는 점

◆ 센서부분과 신호처리 회로부분을 단일 칩 상에 같이 집어넣을 수 있다는 점

이 4가지 특징에 대해서는 뒤에 각 반도체 센서 기술을 설명하면서 구체적 사례를 통해 살펴보겠다.

반도체 센서를 간단히 정리하면 다음과 같다.

① 센서 기능으로서의 물리적 특성

반도체가 가진 센서 기능의 주요 물리적 특성(物性)을 나타낸 것이 표 4-2이다. 이 물성 가운데 광기전력 효과는 포토다이오드를 대표로 하는 광센서에 이용하고, 피에조저항 효과는 압력센서나 가속도센서로 이용한다. 자계 내에서 전류와 수직방향으로 전압이 발생하는 홀 효과는 회전센서 등에 널리 이용된다.

표 4-2 반도체의 센서로서의 물성

물리량	신호변환효과
빛·방사	광기전력 효과, 광전자 효과, 광도전 효과, 광자기전자 효과
응력	피에조저항 효과
열·온도	제베크 효과, 열저항 효과
자기	홀 효과, 자기저항 효과
이온	이온감응전계 효과

② 실리콘의 재료특성

표 4-3은 실리콘의 주요 재료특성을 구조용 금속으로 대량 사용하는 철과 비교해 나타낸 것이다. 실리콘은 영률(Young's modulus)이나 융점 등에서 철에 필적하는 특성을 가지면서 철에 비해 무게는 1/3 이하, 열전도율은 3배 이상 높다는 장점을 갖고 있다. 이 외에도 실리콘은 반복적인 변형에 대한 피로특성이 뛰어나다. 이 피로특성은 압력센서나 가속도센서 등, 검출을 위해 기계적 변위를 수반하는 센서로 매우 중요한 기능을 한다.

실리콘의 특징을 살려서 내구성이 높은 센서를 구현할 수 있다.

표 4-3 실리콘의 재료특성

	Si	Fe
밀도(g·cm^{-3})	2.33	7.86
영률(GPa)	190 (111)결정면	210
융점(℃)	1412	1534
비열(J·g^{-1}·K^{-1})	0.76	0.64
열팽창계수(10^{-6}/℃)	2.33	15
열전도(W·m^{-1}·K^{-1})	168	48

③ MEMS(Micro Electro Mechanical Systems)

MEMS 기술은 집적회로 디바이스의 제조기술로 완성되어 온 절연막이나 금속막 등의 박막형성 기술, 포토 리소그래피에 의한 미세한 정형화(Patterning)기술, 선택 에칭 기술 등을 이용해 실리콘 기판 위에 입체적인 구조체를 만드는 기술이다. 이 기술을 통해 그림 4-4와 같은 압력센서의 다이어그램(압력에 의해 휘는 박판)이나 가속도센서의 가동 부분(가속도에 의해 변위하는 추와 그것을 떠받쳐 탄력성을 주는 지지대) 등과 같은 구조체를 정밀하게 제작할 수 있다.

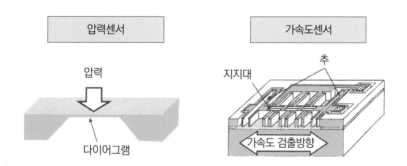

그림 4-4 MEMS기술에 의한 센서 구조체

④ 센서부와 신호처리 회로부의 단일칩화

포토다이오드처럼 반도체 디바이스와 똑같은 구조의 센서뿐만 아니라, 앞서 언급한 MEMS 기술을 통해 기계적 구조의 센서도 실리콘 기판 상에 제작할 수 있기 때문에 많은 반도체 센서가 센서부와 신호처리 회로부를 단일 칩으로 집적되는 것은 당연한 일이다.

집적회로 프로세스를 이용한 단일 칩화의 장점으로는 먼저 제품의 소형화와 다수의 센서를 일괄적으로 제조하기 때문에 단가를 낮출 수 있다는 점이다. 그 외에도 센서와 신호처리 회로 사이의 배선을 최단으로 연결할 수 있다는 점도 큰 장점이다. 센서에 의해 변환되는 전압이나 전류, 저항, 용량 등과 같은 전기신호는 아주 미세한 신호이기 때문에, 배선에 따른 미세 용량을 비롯해 저항성분이나 인덕턴스 성분을 포함한 미세 임피던스로 인한 검출오차를 무시할 수 없다. 따라서 그 영향을 최단의 배선으로 줄일 수 있다는 것은 매우 큰 장점이다.

(2) 차량용 반도체 센서에 요구되는 조건

반도체 센서는 다양한 분야에서 폭넓게 이용되고 있다. 표 4-4는 4가지 대표적 분야에 있어서 센서에 요구되는 주요 항목을 대략적으로 비교한 것이다. 차량용 센서는 계측분야나 항공기 정도의 고정밀도는 요구되지 않지만, 차량에 탑재했을 때의 환경은 온도나 진동, 외부에 노출된 환경 등 가혹함에도 불구하고, 가격은 실내용 센서와 차이가 없어야 한다.

표 4-4 센서에 대한 요구 수준 비교

항목 / 분야	자동차	가전	계측	항공기
정밀도	1~몇%	~몇%	0.1~1%	0.1~1%
온도범위	-40~150℃	-10~50℃	0~40℃	-55~70℃
내진성	~25℃	~5G	~1G	~10G
전원변동	±50%	±10%	±10%	±10%
가격	1천~1만원	1천~1만원	1만~10만원	1만~10만원

차량용 반도체 센서에 요구되는 주요 사항을 정리하면, 다음 7가지 항목으로 요약할 수 있다.

① 환경에 대한 내구성이 뛰어날 것(내열, 내습, 내진, 내전자 환경 등)

② 열화 없이 장기간 사용에 견딜 것

③ 작고 가벼우며 사용하기 쉬울 것(탑재성)

④ 다른 기능을 집적할 수 있을 것(복합화 기술)

⑤ 저렴할 것

⑥ 소비전력이 적을 것

⑦ 자기진단 기능을 갖출 것

여기서 열거한 항목은 다른 분야의 제품에서도 당연하게 요구되는 것이 대부분이지만, 차량용 센서는 ①의 「환경에 대한 내구성이 뛰어날 것」과 ②의 「열화 없이 장기간 사용에 견딜 것」이 가장 중요한 사항이다.

(3) 차량용 반도체 센서의 탑재환경

차량용 제품이 노출되는 환경은 온도와 습도, 침수, 전기잡음 등 어느 것 하나 가혹하지 않은 것이 없다. 예를 들어 온도를 보면, 표 4-5는 차량 각 부분의 최고온도를 나타낸 것이다. 차량실내 안에 장착된 센서라도 사용 최고온도가 100℃ 정도가 요구된다. 엔진룸 안의 경우는 125℃, 엔진에 직접 탑재되는 센서는 150℃에서 정상적으로 작동해야하는 내구성이 요구된다. 온도 이외의 요건까지 포함해 차량용 반도체 센서에 요구되는 가장 가혹한 조건을 표 4-6과 같이 정리해 보았다.

표 4-5 차량 각 부분의 최고온도

엔진룸 각 부분의 최고온도 예		차량 실내 각 부분의 최고온도 예	
엔진 쿨러	120℃	대시보드 상부	120℃
엔진오일	120℃	대시보드 하부	71℃
변속기오일	150℃	실내 기판면	105℃
흡기매니폴드	120℃	리어 데크	117℃
배기매니폴드	650℃	헤드 라이닝	83℃
올터네이터 흡기에어	130℃		

표 4-6 차량용 반도체의 혹독한 환경조건

온도	-40~150℃
습도	~95%RH
진동	~30G
전운전압	5~16V
정전기(ESD)	±25kV
전자노이즈(EMC)	200V/m

이런 혹독한 환경 하에서 보증기간 내 불량률은 1ppm 이하, 제품수명은 20년 이상이 목표로 하는 만큼 차량용 반도체 센서에는 높은 신뢰성과 내구성이 요구된다. 그러므로 내구성 시험도 상당히 가혹한 조건 하에서 이루어진다. 한 가지 사례로, 센서에 사용되는

어느 전자부품의 내구시험 조건을 가전용과 비교한 것이 표 4-7이다. 표를 보면 자동차용은 시험온도 조건이 엄격할 뿐만 아니라 시험시간도 가전용의 2배 이상이나 될 만큼 큰 차이를 보인다.

표 4-7 내구시험조건 비교

시험항목/분야	자동차	가전
온도 사이클 시험	-40~150℃/2000사이클	-25~85℃/수 백 사이클
내습부하 시험	85℃, 80~85%RH/2000시간	40℃, 90~95%RH/500시간
고온부하 시험	150℃/2000시간	85℃/1000시간

(4) 차량용 반도체 센서 기술

반도체 센서는 주로 다음 3가지 요소기술로 만들어진다.

① 센서 기술

② 신호처리 기술

③ 패키징 기술

이 기술들은 그림 4-5에서 보듯이, 각각 센서 성능을 좌우하는 동시에 서로 연관성이 있고, 또 서로 보완하면서 센서 제품을 구성한다. 이 3가지 요소기술과 센서의 주요 성능 항목과의 관련성을 정리한 것이 표 4-8이다.

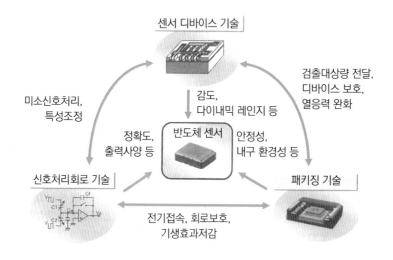

그림 4-5 반도체 센서의 요소기술

표 4-8 센서성능과 요소기술의 관련성

성능항목/요소기술	센서	신호처리회로	패키징
감도	◎	○	○
다이내믹 레인지	◎	○	○
안정성	○	○	◎
정확도	○	◎	○
선택성	◎	-	○
응답성	◎	○	○
내구 환경성	○	○	◎
과부하 내구 양	○	○	○
출력사양	○	◎	-
크기	○	○	◎
가격	○	○	○

◎ : 관련성 큼 / ○ 관련성 있음 / - 관련성 없음

센서 성능항목 가운데 감도는 데이터 취득량의 변화를 어느 정도 민감하게 취득할 수 있느냐를 표시한다. 다이내믹 레인지는 데이터 취득량이 측정할 수 있는 하한과 상한 폭, 즉 측정이 가능한 범위를 말한다. 하한값은 신호와 잡음의 비율(S/N비)로 결정된다.

안정성은 단기적 재현성과 장기적 노화가 있는데, 차량용 센서는 가혹한 환경에 따른 노화에 대한 사항을 고려할 필요가 있다. 정확도는 측정범위 내의 데이터 취득량을 얼마나 편차를 줄여 측정할 수 있에 대한 것으로, 통상 측정 상한값(풀 스케일: FS)에 대한 비율(%FS)로 나타낸다.

선택성은 데이터 취득량과 그 이외의 센서에 대한 작용량을 어떻게 구별하느냐를 나타낸 것으로, 데이터량에 대한 감도와 그 이외의 작용량에 대한 감도 비율 등으로 평가된다. 응답성은 데이터량의 시간적 변화에 대한 추종성으로, 제어시스템 요구에 적합해야 한다.

외부 환경성과 과부하에 대한 내구성은 센서의 탑재환경이나 사용방법을 정확하게 파악하고 대비해야 한다. 출력사양은 크게 아날로그 출력과 디지털 출력으로 나뉘는데, 제어시스템에서 본 센서의 사용 편리성을 좌우한다. 차량용으로는 여러개의 센서를 병행하여 사용해야 하기 때문에 크기와 가격, 탑재성도 중요한 고려해야할 중요한 항목이다.

성능항목에 있어 센서 기술은 대부분이 성능을 좌우하지만, 그 중 감도나 다이내믹스

레인지 같은 성능항목에 큰 영향을 준다. 이뿐만 아니라 선택성이나 응답성도 센서의 특성에 따라 거의 좌우된다.

신호처리 기술은 센서의 미세한 전기신호에서 데이터를 신호로 추출해 증폭하는 것도 주요 역할이며, 데이터의 정확도를 좌우한다. 또 센서 패키징 구조의 편차로 인한 감도나 옵셋의 편차를 조정해 제어시스템이 요구하는 사양에 적합한 출력신호를 조정하는 역할을 한다.

마지막으로 패키징 기술이다. 전자제품의 패키징 기술은 「보호」, 「접속」, 「방열」 3가지 역할을 갖는다. 「보호」는 외부환경으로부터의 물리적 또는 화학적 공격에서 전자회로를 지키는 것이다. 「접속」은 전자회로의 전원이나 입출력 신호를 외부와 주고받기 위해서 전기적인 경로를 확보하는 것이다. 「방열」은 전자회로의 발열을 외부로 발산하기 위해서 열(熱)의 경로를 만드는 것이다.

반도체 센서의 패키징 기술은 외부의 센서 데이터를 입력받고 센서를 보호하기 위한 데이터를 교류 「전달」하는 역할이 한다. 그림 4-6에서와 같이 센서의 입력신호가 일반 전자회로 같은 전기신호가 아닌, 단편적인 예로 압력이라는 물리데이터를 받게 된다. 반도체 센서의 패키징 기술로는 센서를 패키징할 수 있지만 다용도로 활용이 어렵다. 예를 들어 흡기 압력센서 같은 경우, 엔진의 흡기 압력 센서로 전달하는 동시에 흡기에 포함된 오염성분으로부터 센서를 보호해야 하는 것처럼 외부로부터의 「전달」과 외부로부터의 「보호」라고 하는 대립적 요소를 양립할 필요가 있기 때문이다.

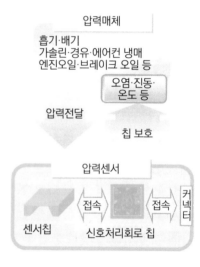

그림 4-6 패키징 기술의 역할

차량용 센서는 내외부의 혹독한 환경으로부터 센서와 신호처리회로를 보호할 필요가 있어서 패키징 기술은 센서의 안정성과 내구성을 좌우한다.

센서 기술과 신호처리회로 기술은 다른 분야의 센서와 공통성이 많은데 반해, 패키징 기술은 다른 분야에서는 볼 수 없는 차량용 특유의 기술이 사용되는 경우가 많아 차량용 반도체 센서를 특화한 기술이라고 할 수 있다.

2 압력센서

1) 압력센서 용도

압력센서는 여러 가지 제어를 위해서 가장 널리 사용되는, 차량용 반도체 센서 중 대표적 센서이다.

표 4-9는 현재 제품화된 주요 차량용 반도체 센서의 용도를 압력대역 순서로 정리한 것이다. 반도체 압력센서가 차량용으로 처음 사용된 것은 1979년으로, 가솔린엔진의 연료분사를 제어하기 위해 흡기관 내의 흡입공기압을 검출하는 흡기 압력센서가 사용되었다. 흡기 압력센서의 압력대역은 약 1기압(100KPa)에 불과하지만, 엔진을 제어하는 중요 센서로 널리 사용되어 차량용 압력센서 가운데서도 중요한 역할을 하고 있다.

표 4-9 **차량용 압력센서의 용도**

압력대	저압	중압	고압	
	5~10KPa	100~200KPa	0.5~20MPa	~200MPa
용도	• 탱크내부 압력	• 흡기압력 • 대기압력 • 배출가스압력 • 터보압력 • 브레이크 부스터 압력	• 에어컨냉매 압력 • 변속기오일 압력 • 엔진오일 압력 • 서스펜션오일 압력 • 가솔린연료 압력 • 브레이크오일 압력	• 디젤 커먼레일 압력
제품외관 예	• 탱크내부 압력	• 흡기압력	• 에어컨냉매 압력 • 가솔린연료 압력	• 디젤 커먼레일 압력

엔진제어에 있어 구동계통이나 주행계통의 전자제어가 발전함에 따라 변속기, 브레이크 등과 같은 유압기기의 제어용으로 사용되고 있다. 사용 압력대역은 1MPa 이상이며 고압센서에 해당된다. 고압분야에서는 가솔린 직접분사 엔진용의 연료 압력센서로 20MPa 압력대의 고압센서가 사용되며, 디젤엔진의 커먼레일방식(CRDI) 연료분사 시스템용으로 200MPa이나 되는 초고압 커먼레일 압력센서가 사용되고 있다.

한편 저압센서로는 북미의 연료배관 계통에서 발생하는 가솔린 증기(연료증발가스)의 유출에 대한 규제에 대응하기 위해 가솔린 증기의 유출을 검출할 때 5KPa 수준의 미세한 압력대로 연료탱크 안의 압력변화를 검출하는 탱크내부 압력센서가 사용된다. 이처럼 자동차용 압력센서의 용도는 압력대로만 봐도 5KPa부터 200MPa까지 약 4만 배가 넘는 광범위하게 사용한다.

압력센서는 다양한 용도로 사용되기는 하지만, 공통적으로 센서별 요구사양이 엄격히 정해져 있다. 예로 표 4-10는 대표적 압력센서의 요구사항인 정확도와 사용온도 범위를 나타낸 것이다.

표 4-10 **차량용 압력센서의 사양 예**

용도	최대압력	요구정확도	사용온도범위
디젤 커먼레일 압력	200MPa	1%FS	-30~120℃
가솔린연료 압력	20MPa	2%FS	-30~120℃
서스펜션오일 압력	2MPa	2%FS	-30~120℃
에어컨 냉매 압력	3.5MPa	2%FS	-30~135℃
흡기압력	100KPa	1%FS	-30~120℃
대기압력	100KPa	1%FS	-30~90℃
탱크내부 압력	5KPa	2%FS	-30~120℃

엔진룸에 탑재되는 센서의 사용온도 범위는 -30~120℃이지만, 에어컨 제어에 이용되는 냉매압 센서는 -30~135℃ 온도범위에서의 성능이 보장되어야 한다. 그리고 이런 광범위한 사용온도범위에도 정확도는 1~2%FS의 높은 정확도가 요구된다.

그러므로 차량용 압력센서에서는 온도변화로 생기는 열응력이 큰 문제가 된다. 열응력에의한 출력오차 또는 내구성 변화에 대한 대책이 제품개발에서 매우 중요한 과제 중 하나라고 할 수 있다.

2) 압력센서 방식

차량용 압력센서는 압력 데이터 취득 방식으로 주로 4가지 방식이 사용된다. 표 4-11은 압력센서 방식을 나타낸 것이다. 압력 데이터 취득 원리는 피에조저항 방식과 정전용량 방식 2가지가 있다. 피에조저항 방식에는 단결정 실리콘(Si)에 형성된 확산저항과 피에조저항 효과를 이용한 Si피에조저항 방식과 금속베이스 위에 형성된 박막의 다결정 실리콘(Poly-Si)의 피에조저항 효과를 이용하는 박막 피에조저항 방식이 있다.

정전용량 방식은 평행한 평판의 한 쪽을 고정전극, 다른 한 쪽을 가동전극으로 한 상태에서 가동전극에 압력이 인가되면 가동전극이 구부려져 고정전극과 가동전극 간격이 변한다. 이것을 정전용량 변화로 데이터를 검출한다. 정전용량 방식에는 평행평판에 세

표 4-11 압력센서 방식

	피에조저항 방식		정전용량 방식	
	Si피에조저항 방식	박막피에조저항 방식	세라믹용량 방식	Si용량 방식
구조	집적회로부, 게이지저항, 다이어그램, 기판유리	박막저항(Poly-Si), 금속다이어그램	세라믹기판, 가동전극, 고정전극	가동전극, 봉쇄막이, 고정전극
감도	중간	약함	강함	강함
집접회로 공정의 이용	쉬움	어려움	어려움	쉬움
회로의 집적화	쉬움	어려움	어려움	쉬움
내압	중간	강함	강함	약함

라믹 기판을 사용한 세라믹용량 방식과 실리콘 기판을 에칭가공하여 평행평판으로 만든 Si용량 방식이 있다.

이 4가지 방식들은 표 4-11에서 보듯이 장단점이 있지만, Si 피에조저항 방식은 집적회로(IC) 프로세스를 이용해 센서를 제작할 수 있고, 신호처리회로의 집적화도 쉽기 때문에 가장 많이 사용한다. 그림 4-7은 압력센서 분야별, 방식별 수량계측 데이터의 한 가지 사례를 나타낸 것으로, Si 피에조저항 방식이 압력센서 전체수량 가운데 85% 이상을 차지한다. 박막 피에조저항 방식이나 세라믹용량 방식은 센싱구조 자체가 고내압 구조이

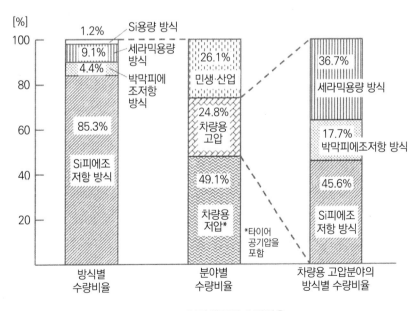

그림 4-7 압력센서의 수량비율

기 때문에 고압센서로 많이 사용한다. 이 두 가지 방식을 합치면 고압분야에서는 Si 피에
조저항 방식보다 조금 더 수량을 많이 차지한다. Si용량 방식은 다이어그램을 비교적 얇
고 가공하기 쉽고, 또 낮은 압력에서의 감도를 높일 수 있어 저압 센서 용도에 적합하지
만, 수량비율은 불과 1%에 지나지 않는다.

이어서 가장 많이 사용되는 Si 피에조저항 방식의 압력센서에 대해 살펴보겠다.

3) Si 피에조저항 방식 압력센서

앞서도 언급했듯이 반도체 센서의 주요 기술은 ① 센서 기술, ② 신호처리 기술, ③ 패
키징 기술 3가지이다. 압력센서 같은 경우 이 3가지 주요기술 가운데 패키징 기술을 용
도에 맞게 다양한 기술로 이용되지만, 센서 신호와 신호처리에 대해서는 같은 Si 피에조
저항 방식의 압력센서일 때는 대부분 같은 기술을 이용한다. 그러므로 Si 피에조저항 방
식의 센서와 신호처리 기술에 대해 살펴보겠다.

(1) 압력센서의 전체 구조

압력센서는 구조가 다양하며, 그림 4-8의 구조를 예로 설명하겠다. 이것은 앞서도 언
급한 흡기 압력센서의 대표적인 구조와 같다.

센서구조는 커넥터되어 있는 수지케이스 안에 센서의 심장부인 몰드IC와 흡기압을 받
아들이는 포트가 직접 고정되어 있다. 몰드IC의 전원과 GND, 압력신호출력 3가지 단자
는 수지케이스에 삽입된 커넥터 터미널에 연결되어 있다.

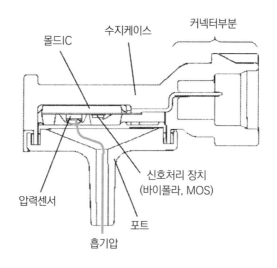

그림 4-8 압력센서의 구조(흡기 압력센서 예)

몰드IC에는 압력센서가 몰드부의 한부분 홈에 접착제로 고정되어 있다. 또 신호처리 회로 로서 압력센서의 신호를 증폭시키는 바이폴라IC와 센서 특성을 조정하기 위해 고유 데이터를 기억시킨 MOS IC가 몰드 안에 내장되어 있다.

(2) 압력센서의 구조

그림 4-9에서 보듯이 압력센서는 2~3mm의 실리콘칩과 기판유리로 구성되어 있다. 실리콘칩은 가운데 부분을 얇게 가공해 성형한 다이어그램 부분이 있고, 칩 두께는 일반적으로 $300\mu m$ 정도이다. 다이어그램 부분의 크기와 두께는 측정하는 압력 범위에 따라 다르지만, 흡기 압력센서는 1mm 정도의 사이즈에 두께는 $30~40\mu m$ 정도이다. 실리콘 칩이 기판유리와 붙어 다이어그램 아래로 내부 공간(Cavity)이 있다.

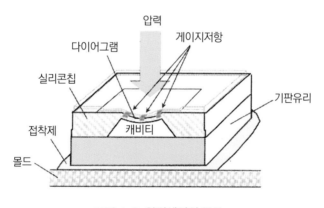

그림 4-9 압력센서의 구조

캐비티는 실리콘칩과 기판유리의 접합을 진공 만들기 때문에 진공실이자, 압력측정의 기준실이기도 하다. 즉 다이어그램의 한쪽면에 압력이 0인 진공 기준실을 설치함으로써 다이어그램의 또 다른 한 쪽 면에 인가되는 압력의 절대값을 측정할 수 있는 것이다. 이런 타입의 압력센서를 절대압 센서라고 부른다.

빈면, 기판유리에 구멍을 뚫어 캐비티 부분을 진공실로 하지 않고 개방된 공간으로 만드는 압력센서도 있다. 이런 타입의 압력센서는 다이어그램 양면에 인가되는 압력 차이를 검출하는 것으로, 상대압 센서 또는 차압 센서라고 부른다. 앞에서 언급한 용도 가운데 연료탱크 안과 바깥의 미세한 차압을 검출하는 탱크내부 압력센서나 초고압 커먼레일 압력센서가 이 상대압 센서에 해당한다.

다이어그램 상에서는 게이지 저항이라고 불리는 확산저항이 하나로 형성되어 있다.

압력이 다이어그램 표면에 전달되면 다이어그램이 변형되고, 그것을 게이지 저항의 저항값으로 변화하여 검출한다.

(3) 압력센서의 제조기술

그림 4-10는 압력센서의 제조공정을 나타낸 것이다. 표면 가공은 포토에칭, 확산, 증착 등 통상적인 집적회로 공정을 이용해 이루어지고, 게이지저항과 전극, 보호막을 형성한다. 표면에서 실리콘을 에칭해 다이어그램 부분을 형성한 다음에 유리 기판을 접합한다.

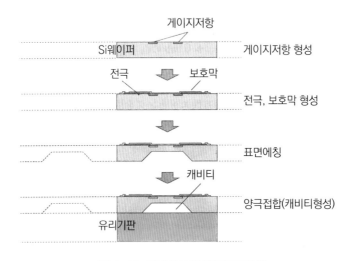

그림 4-10 압력센서의 제조공정흐름

다이어그램은 알칼리용액을 이용해 표면부터 에칭하여 형성한다. KOH(수산화 칼륨) 등과 같은 몇 가지 알칼리 용액은 실리콘의 결정면에 따라 다른 에칭속도를 갖도록 한다. 이런 용액을 이용해 에칭을 이방성(異方性)에칭이라고 한다. 실리콘 결정은 그림 4-11에

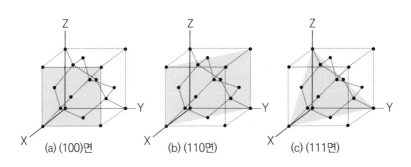

그림 4-11 실리콘 결정의 면방향

서 처럼 결정의 면 방향을 갖지만, KOH 등에 의한 에칭에서는 (111)면의 에칭 레이트가 (100)면이나 (110)면과 비교해 2자리 이상 작다. 그러므로 그림 4-12에서 보듯이 면방향과 관계없이 같은 속도로 에칭이 진행되는 등방성(等方性)에칭에서는 둥근 에칭이 진행됨에 따라 (111)의 테이퍼 면이 나타나 그림같이 얇은 다이어그램을 얻을 수 있다.

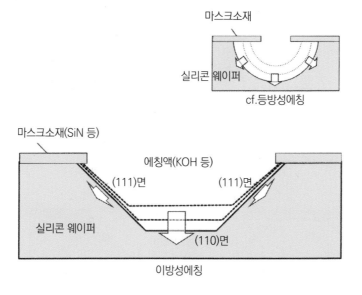

그림 4-12 등방성에칭과 이방성에칭

결정면에 의한 에칭속도 차이는 어떤 결정면을 에칭하느냐에 따라 만들어지는 다이어그램의 평면형상을 바꿀 수 있다. 그림 4-13은 실리콘의 (100)기판과 (110)기판 각각을 이방성에칭으로 했을 때의 다이어그램 형성을 나타낸 것이다. 이런 형상들은 실리콘의 면방향에 따른 에칭속도를 데이터베이스화한 다음, 이방성 에칭에서 형성되는 실리콘의 형상을 시뮬레이션할 수 있는 에칭 시뮬레이터를 이용해 구한 것이다.

그림 4-13과 같이 이방성 에칭을 이용해 형성하는 (100)기판의 다이어그램 평면형상은 사각형이 된다. 한편 (110)기판에서는 다이어그램의 평면형상을 팔각형으로 만들 수 있다. 다이어그

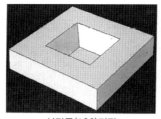

실리콘(100)기판

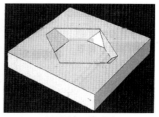

실리콘(110)기판

그림 4-13 실리콘의 (100)기판과 (110)기판의 다이어그램 형상

램의 평면형상이 다르면 주위 온도변화로 인해 발생하는 다이어그램 상의 열응력, 특히 다이어그램의 에지부분에 발생하는 열응력에 차이가 나타난다. 그리고 센서출력의 온도특성에 영향을 끼친다. 여기에 대해서는 다음 항에서 살펴보겠다.

다이어그램 두께는 센서특성에 크게 영향을 끼치므로 에칭 레이트를 높은 정확도로 제어해야 한다. 이 에칭은 포토에칭이라고 부르는 독특한 개별처리 양식의 에칭장치로 이루어지는데, 여기서는 알칼리 용액의 농도나 온도, 용액에 포함되는 불순물 및 에칭 시간을 정확하게 제어하는 것이 중요하다. 그리고 몇 10μm밖에 안 되는 얇은 다이어그램이 잘 깨지지 않도록 하기 위해서 다이어그램의 각진 부분을 1~2μm 정도 둥글게 만들기도 한다. 이 둥근 부분은 그림 4-14에서 보듯이 실리콘 에칭을 최종단계에서 이방성으로부터 등방성으로 전환하면 실현할 수 있다.

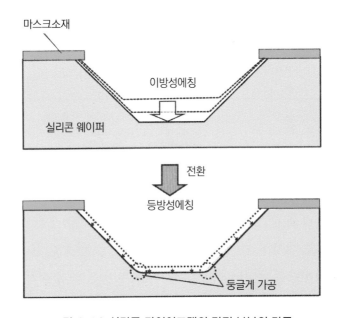

그림 4-14 실리콘 다이어그램의 각진 부분의 가공

실리콘은 불산과 초산 혼합액을 사용하면 등방성 에칭을 할 수 있지만, 이 방법에서는 에칭액을 교환해야 하기 때문에 경제적이지 않다. 그래서 실리콘 에칭을 이방성에서 등방성으로 전환하는 간단한 방법으로 개발한 것이 에칭 최종단계인 실리콘 웨이퍼에 정(正)전압을 인가하는 방법이다. 실리콘 웨이퍼에 정전압을 인가하면 실리콘 표면이 산화해 결정성이 상실되면서 에칭 특성이 이방성에서 등방성으로 바뀌기 때문이다.

실리콘 칩과 기판유리의 접합은 양극(陽極)접합이라고 하는 접합기술로 이루어진다.

이것은 진공 속에서 실리콘 기판과 알칼리 이온을 포함하는 유리 기판을 밀착한 다음 가열하면서 직류전압을 가해 접합하는 방법이다.

그림 4-15는 양극접합에 대한 메커니즘을 나타낸 것이다. 유리기판에는 실리콘과 열팽창 계수가 가까운 유리를 이용한다. 유리 안에 포함된 Na(나트륨)이온이 유리 속에서 가동하는데 충분한 온도인 400℃ 정도로 가열한 상태에서, 실리콘 쪽 기판이 정(正)이되도록 몇 백Volt의 전압을 인가한다. 이로 인해 실리콘과 유리 사이에 강한 정전기력이 작용해 먼저 양쪽이 밀착된다. 실리콘과 유리의 접합계면 근처에서는 유리 속의 Na(나트륨)이온이 음극 쪽으로 이동하기 때문에, 유리의 실리콘과의 밀착면 쪽에는 O_2(산소)이온이 남겨진다. O_2(산소)이온 일부가 실리콘과 결합해 Si-O 공유결합이 이루어지면서 화학적으로 강하게 결합하는 것이다. 이 방법으로 인해 매우 양호한 기밀성을 갖는, 신뢰성이 높은 진공 캐비티가 만들어진다.

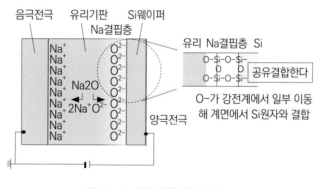

그림 4-15 양극접합 메커니즘

4) 압력센서의 패키징 기술

압력센서 패키징 기술의 핵심요소는 크게 3가지가 있다. 먼저 첫 번째로 측정대상인 공기나 오일, 연료 등과 같은 매체의 압력을 센싱 부분에 어떻게 전달하느냐는 점이다. 이때 저압센서는 감도가 떨어지지 않는 효율이 좋은 압력전달이 필요하고, 고압센서라면 높은 압력을 견딜 수 있는 견고한 구조가 요구된다. 두 번째는 압력전달과는 이율배반적인, 센싱 부분이나 신호처리회로의 보호이다. 압력매체에는 다양한 오염물질이나 부식물질이 포함되어 있기 때문에 압력전달과 함께 이물질들로 부터의 보호라는 두 마리 토끼를 잡아야 한다. 마지막 세 번째는 오차요인으로 작용하는 압력 이외의 응력을 얼마나 센싱 부분으로 전달되지 않도록 하느냐는 점이다. 특히 온도변화로 인한 구조물의 열응력은 충분히 유의해 그 응력을 완화할 수 있는 대책이 필요하다.

다음으로 대표적 압력센서 몇 가지를 예로 들어서 각 센서의 사용방법과 그를 위해 필요한 패키징 기술의 핵심요소들에 대해 살펴보겠다.

(1) 흡기압센서의 패키징 기술

흡기 압력센서는 엔진 흡기관 안의 압력을 측정하는 센서이다. 가솔린엔진 제어시스템에서는 엔진으로 들어가는 흡입공기량을 센서로 계측한 다음, 그 정보를 바탕으로 운전 상태에 맞게 적정한 연료 분사량을 컴퓨터가 산출해 엔진에 공급하는 구조로 되어 있다. 엔진이 실린더 안으로 유도하는 흡입공기량과 연료 분사량의 비율(A/F : 공연비라고 한다)은 출력이나 배출가스, 연비 등은 엔진성능을 크게 좌우하다. 따라서 흡입공기량을 얼마나 정확하게 잘 계측하느냐는 엔진제어에 있어서 가장 중요한 업무 중 하나이다.

흡입공기량을 계측하는 방법으로는, 에어플로 미터를 이용해 직접 공기유량을 측정하는 방식과 흡기 압력센서로 흡기관 내 부압을 계측하는 방식이 있다. 흡기 압력센서를 이용하는 방식은 흡기관 내의 압력이 엔진 1행정 당 흡입공기량과 거의 비례한다는 사실에 기초해 스로틀 밸브 하류의 흡기관 내 부압을 흡기 압력센서로 검출한 다음, 그 검출된 데이터와 엔진 회전수로부터 직접 흡입공기량을 구하는 방식이다. 이 두 가지 방식은 가격과 검출 정확도, 제어성능 등의 측면에서 장단점이 있기 때문에 차량에 따라 구분해서 사용하지만, 흡기 압력센서를 통한 방식은 비교적 배기량이 적은 엔진에 사용하는 경우가 많다.

이처럼 흡기 압력센서는 엔진제어의 기본이라고 할 수 있는 센서 가운데 하나로, 흡기압과 거의 비슷한 압력(대기압 부근)의 공기압을 측정하기 때문에 터보(과급)엔진의 과급압이나 브레이크 부스터(엔진 부압을 이용한 브레이크 배력장치)의 부압 측정 등에도 많이 사용된다.

흡기 압력센서는 그림 4-16 같이 엔진제어 시스템에 있어서 스로틀 밸브 후방의 흡기관 내 부압을 검출한다. 장착 위치는 애초에 엔진룸 안의 비교적 환경이 좋은 장소에 장착한 다음 흡기관에서 센서까지 호스로 압력을 유도해 활용되었지만, 근래에는 호스 부품의 감축에 따른 원가절감 등의 이유로 흡기관 내부나 스로틀 보디에 직접 장착되어 왔다. 그러므로 센서의 사용 환경 측면에서는 진동이나 온도가 너무 높은 상황일 뿐만 아니라, 압력 매체에 포함된 오염성분에 그대로 노출된다는 점에서 더 혹독한 상황에 처해 있

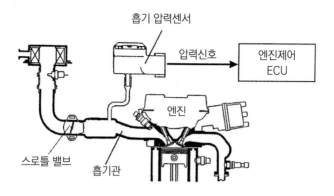

그림 4-16 가솔린엔진 제어시스템과 흡기 압력센서

다고 할 수 있다.

흡기관 내 부압을 검출하는 흡기 압력센서의 검출압력 매체가 기본적으로는 에어클리너에서 이물질이 걸러진 공기이지만, 엔진의 오일 연무가 미연소 가솔린 증기 또는 EGR 제어(배출가스 일부를 흡기 쪽으로 되돌려 재연소시킴으로써 엔진의 배기를 정화하는 시스템)에 의한 수증기나 배출가스 성분 같은 것도 포함되어 있다. 이 오염성분들은 센서가 흡기관이나 스로틀 보디에 직접 장착될 경우에는 압력을 받는 센서 부분과 더 잘 접촉하기 때문에 센서 특성에 악영향을 주는 원인이 되기도 한다. 따라서 흡기 압력센서의 패키징 기술은 오염원들에 대한 강한 수압구조를 갖추는 것이 중요하다.

흡기 압력센서의 수압구조는 크게 이면수압 방식과 표면수압 방식 2가지로 나눈다. 표 4-12는 이 2가지 방식을 비교한 것이다.

표 4-12 이면수압방식과 표면수압방식 비교

		이면수압방식	표면수압방식
구조		회로면 와이어 진공실 흡기관의 부압과 오염성분	터미널 진공실 와이어 회로면
오염 내구성	화학적	강하다(Si결정면으로 수압)	전극이나 보딩 와이어 보호가 필요
	물리적	오일분, 수분에 의한 폐쇄대책이 필요	강하다(수압공간 큼)
성능	특성오차	적다	크다(보호재 온도, 진동에 의한 응력을 받는다)
	응답성	빠르다	느리다(수압공간 체적이 크기 때문)

이면수압방식은 센서의 실리콘 다이어그램 게이지 면과 반대 쪽 다이어그램 에칭 면에서 압력을 받도록 기판유리에 구멍이 뚫린 유리를 이용한다. 한편 게이지 면은 밀봉 실링에 의한 패키지로 진공실을 만들어 압력 기준실로 한다. 반면, 표면수압 방식은, 앞서도 언급했듯이, 다이어그램 에칭 면에 평평한 유리기판을 진공 속에서 양극 접합하여 다이어그램 에칭의 패인 부분으로 만들어지는 캐비티를 진공기준실로 한다. 그리고 게이지 면으로 압력을 받는다.

2가지 수압방식에는 표 4-12에서 보는바와 같이 각각 장점과 단점이 있다. 이면수압 방식은 실리콘 다이어그램의 게이지 저항이나 전극이 형성된 회로면 및 본딩 와이어를 포함한 단자접속 부분이 밀봉 실링으로 보호되어, 검출압력 매체에 접하는 수압면은 화학적으로 매우 안정된 실리콘 결정면이기 때문에 압력매체에 포함되는 부식 물질에 대한 보호가 필요 없다.

한편 표면수압 방식은 게이지 면이 수압면에서 검출압력 매체와 접하기 때문에, 전극이나 본딩 와이어를 포함한 단자접속 부분을 압력매체의 오염성분으로부터 보호할 필요가 있다. 이런 보호를 위해에 수압면을 어떤 보호재로 덮는다는 것은, 보호재가 다이어그램에 응력을 주어 센서 특성의 오차 요인을 증가시키게 된다. 하지만 표면수압 방식은 수압면 쪽이 개방공간인데 반해 표면수압 방식은 수압면 쪽의 압력도입 부분이 아무래도 가느다란 파이프 형상의 공간이 되기 때문에 응답성에서는 유리하지만, 오일분이나 수분 같은 압력매체의 오염성분이 부착되어 압력도입 부분이 쉽게 폐쇄상태가 되는 경향이 있다. 이런 경향은 센서가 흡기관이나 스로틀 보디에 직접 장착되면 더 심해진다.

즉 표면수압 방식은 압력매체의 오염성분에 의한 화학적 영향이 크지만, 물리적 영향에는 압력유도 부분을 길게 하거나 중간에 필터를 넣는 등의 방법으로 수압면까지 오염성분이 못 오도록 할 필요가 있다.

그러므로 흡기관이나 스로틀 보디에 장착되는 타입에서는 표면수압 방식을 채택해 수압면을 압력매체의 오염성분으로부터 보호하면서 특성에 대한 영향을 최소화하는 패키징 기술을 적용하고 있다. 그림 4-17은 그런 사례를 나타낸 것이다. 센싱 칩과 기판유리를 양극 접합한 센싱 장치가 커넥터와 일체화된 수지 케이스에 접착되어 있다. 접착재료에는 수지 케이스로부터의 열응력이 센싱 칩에 주는 영향을 줄이기 위해서 저탄성률 재료를 사용한다. 또 응력의 영향은 접착재료 두께가 두꺼울수록 줄어들기 때문에 접착재료 내에 수지 비즈(Beads)를 섞어서 접착두께를 확보하는 경우도 있다.

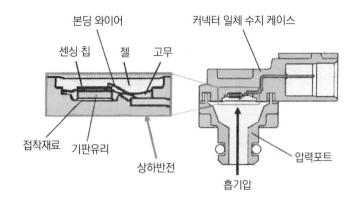

본딩 와이어
센싱 칩 젤 고무
커넥터 일체 수지 케이스

접착재료 기판유리
상하반전
흡기압
압력포트

그림 4-17 표면수압 방식의 센싱부 보호구조

센싱 장치의 보호재료로 하부는 수지 케이스 쪽을 고무로 덮어 주고, 상부는 흡기압을 받는 쪽은 젤 재료로 덮은 2층 구조로 한다. 젤 재료에는 압력매체에 포함된 이물질로부터 센싱 칩을 보호하는 동시에, 다이어그램에 대한 응력이 최소한으로 억제되도록 저탄성률 재료가 사용된다. 고무 재료의 역할은 수지 케이스에 있는 커넥터 터미널과 수지의 경계면에서 침입하는 공기로 인해 센서 칩을 보호하는 젤 속에 기포가 생기는 것을 방지하는 것이다. 젤 속에 기포가 생기면 다이어그램으로의 흡기압 전달이나 열응력이 변화해 특성이 바뀌는 원인이 되기 때문이다. 여기서 사용되는 접착재료는 젤 재료이나 고무 재료는 모두 가솔린 안에 들어있어도 체적이 잘 늘어나지 않는, 내구성이 뛰어난 재료들이다.

(2) 저압센서의 패키징 기술

자동차용 압력센서 가운데 가장 낮은 압력을 검출하는 센서가 탱크내부 압력센서이다. 탱크내부 압력센서는 연료탱크의 압력을 감지하는 센서이다.

자동차 배출가스는 환경보호를 위해 각 나라마다 엄격하게 규제하고 있다. 북미에서는 배기관에서 배출되는 가스에 관한 규제(테일 파이프 이미션 규제) 외에도 연료배관 계통에서 발생하는 연료증기 유출을 규제(이배퍼레이터 이미션)히기도 한다.

그림 4-18는 그 연료증기 유출의 검출 시스템을 나타낸 것이다. 연료증기의 유출은 차량주행 중에 어느 일정한 조건 하에서 연료탱크를 포함한 연료배관 계통을 폐쇄시켜 소정의 압력을 인가·유지함으로써 연료배관 계통 내의 변화를 탱크내부 압력센서로 측정하는 것으로, 새는 부위의 유무를 검출(리크 검출)한다. 이 리크 검출은 주행 중에 배출가스에 관여하는 엔진기기의 이상을 검출해 운전자에게 알려주도록 하여 정해진 차량고장

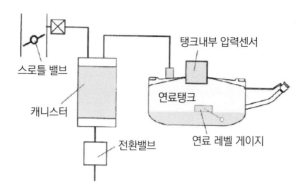

그림 4-18 **연료증기 유출을 검출하는 시스템**

진단 시스템 페이즈 II(OBD II : On-Board Diagnostic System II) 규제를 통해 의무화되어 있다.

그림 4-19은 탱크내부 압력센서의 구조를 나타낸 것이다. 포트에서 들어오는 연료증기압이 실리콘 다이어그램의 표면(에칭 쪽)에 인가되면 실리콘 다이어그램의 표면(게이지 쪽)에는 방진 및 방수 역할을 하는 필터를 매개로 대기압이 인가된다. 이 연료증기압과 대기압과의 차이로 풀 스케일이라고 했을 때 5KPa의 아주 미세한 압력을 검출하기 때문에, 실리콘 다이어그램의 두께는 십 수μm로 흡기 압력센서 두께의 반 이하이다. 그 때문에 근소한 열응력이 큰 압력검출 오차로 작용하기 때문에 정확도 높은 센서 특성을 실현하기 위해서는 철저하게 열응력을 줄이는 것이 중요하다.

우선 센서 칩과 양극 접합되는 기판유리의 열팽창 계수를 최대한 실리콘에 가깝게 할

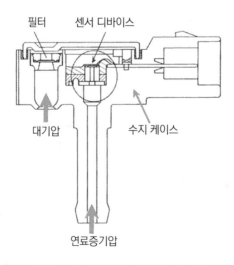

그림 4-19 **탱크내부 압력센서의 구조**

필요가 있다. 센서 칩과 기판유리의 양극 접합은 400℃ 정도에서 이루어지는데, 이 온도를 실온까지 낮추면 센서 칩과 기판유리의 열팽창 계수 차이로 인해 응력이 남는다. 이 응력으로 인해 다이어그램의 장력이 바뀐다. 이때 다이어그램 두께가 얇으면 장력변화 영향이 감도의 변화로 현저하게 나타난다. 또 이 장력은 온도에 따라 바뀌기 때문에 감도의 온도특성에도 영향을 준다.

그림 4-20는 센서 칩의 감도와 그 감도의 온도특성 관계를 나타낸 것이다. 그림은 기판유리에 실리콘과의 열팽창 계수 차이가 1ppm/℃ 이하로 상당히 열팽창 계수가 가까운 유리를 이용하는데도 감도의 온도특성에 대한 영향이 크게 나타나고 있다. 다이어그램이 두꺼워서 감도가 낮을 경우에 감도의 온도특성은 그 다이어그램 자체의 온도특성이 지배적이어서 변화가 없지만, 다이어그램을 얇게하여 감도가 높아지면서 기판유리와의 열팽창 계수 차이의 영향이 나타나 감도가 높아질수록 온도특성이 마이너스 방향으로 커지는 경향을 나타낸다. 기판유리 재료가 달라져 실리콘과의 열팽창 계수가 바뀌면 온도특성의 경향도 크게 바뀐다.

온도변화를 고려한 기판유리의 열팽창 계수를 최대한 실리콘과 가깝게 하는 것도 중요하지만, 더 중요한 것은 열팽창 계수의 온도특성이다. 양극접합 온도 400℃부터 사용 최저온도인 -30℃까지의 열팽창 계수 온도특성을 실리콘에 가깝게 함으로써 감도 온도특성의 비직선성을 아주 작게 할 수 있다. 즉, 센서 칩과 기판유리의 열팽창 계수에 약간

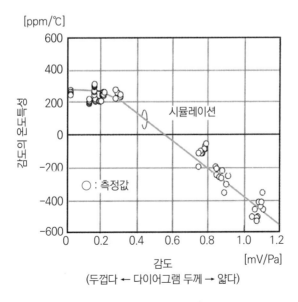

그림 4-20 센서 칩의 감도에 의한 온도특성 변화

차이가 있더라도 그 차이가 온도에 좌우되지 않고 일정하다면, 감도의 온도특성은 선형이 되어 보정을 쉽게 할 수 있다.

탱크내부 압력센서의 정확도를 높이기 위한 또 한 가지 중요한 점은, 바탕이 되는 수지 케이스의 온도변화에 의해 기계적 변형이 최대한 센서 칩에 전달되지 않도록 하는 것이다. 그를 위한 개측을, 탱크내부 압력센서의 칩 부분을 확대한 그림 4-21의 구조도를 예로 살펴보겠다.

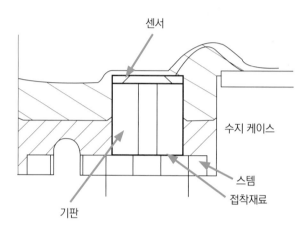

그림 4-21 탱크내부 압력센서의 칩구조

베이스인 수지 케이스와 기판유리 사이에 스템이라는 부품을 넣는다. 이 스템에는 케이스 수지의 열팽창 계수와 기판유리 열팽창 계수의 중간 쯤 되는 열팽창 계수를 가진 재료를 사용한다. 그를 통해 케이스 수지와 기판유리와의 열팽창 계수 차이로 발생하는 응력을 완화할 수 있다.

다음으로 스템과 기판유리를 접착하는 접착재료이다. 이 접착재료에는 스템에서 전해지는 응력을 완화하기 위해서 저탄성률의 접착재료를 사용한다. 또 이 접착재료는 가솔린 증기에 직접 노출되기 때문에 가솔린에 의해 용해되거나, 팽창되지 않는 내구성이 높은 재료여야 한다. 그 요건을 충족시키는 접착재료로 많이 사용되는 것이 불소 계통의 접착재료이다.

마지막으로 기판유리의 높이이다. 스템과 접착재료로 완화된 기판유리 아래면의 응력이 센서 칩과 접하는 기판유리 윗면에서는 더 감소하듯이, 기판유리 높이는 흡기 압력센서의 기판유리와 비교해 4배 이상인 약 3mm로 되어 있다.

센서 칩에 발생하는 열응력을 시뮬레이션으로 분석한 한 가지 사례가 그림 4-22이다.

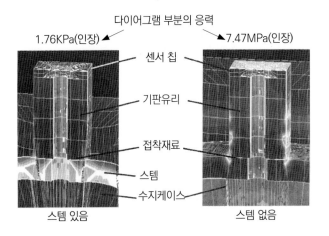

다이어그램 부분의 응력

1.76KPa(인장)　　　　　　7.47MPa(인장)

센서 칩
기판유리
접착재료
스템
수지케이스

스템 있음　　　　　　　스템 없음

그림 4-22 탱크내부 압력센서의 센서칩 부분에서 발생하는 열응력

그림에서와 같이 스템이 있는 경우와 없는 경우의 해석결과를 비교한 것이다. 스템을 게재시킴으로 센서 칩 다이어그램 부분의 응력이 1/4 이하로 떨어지는 것을 알 수 있다.

이런 개량을 통해 구조체로부터 센서칩으로 전달되는 응력을 줄임으로써 5KPa밖에 안 되는 아주 약한 압력에도 불구하고 -30℃~120℃ 온도범위에서 2%FS나 되는 정밀도가 높은 센서를 활용된다.

(3) 고압센서의 패키징 기술

자동차용 압력센서에서는 측정 압력대역이 0.5~20MPa 정도의 압력센서를 고압센서라고 한다. 고압센서는 브레이크나 에어컨 등 자동차의 다양한 시스템에 고기능과 정밀한 제어가 요구되며, 전자제어로 옮겨가는 과정에서 오일펌프나 컴프레셔 등과 같은 기기를 제어하는 용도로까지 다용도로 활용되고 있다.

표 4-13는 고압센서가 사용되는 주요 시스템을 정리한 것이다.

다양한 용도에 대해 고압센서의 압력측정 방식으로는 Si 피에조저항 방식과 박막 피에조저항 방식, 세라믹용량 방식 3가지 있으며, 각각의 특징을 고려한 고압센서가 사용되고 있다.

Si 피에조저항 방식은 고압센서의 대표적 구조는 그림 4-23이다. Si 피에조저항 방식의 구조는 압력검출 부분에 오일을 충전하는 구조로, 오일밀봉 타입으로 불린다. 에어컨 냉매나 가솔린, 브레이크 오일 등과 같은 매체로부터의 압력을 두께 30μm 정도의 메탈 다이어그램이 받는다. 이 압력이 충전된 오일로 전달되면 오일의 압력을 피에조저항 방식의 센서칩으로 검출하는 방식이다.

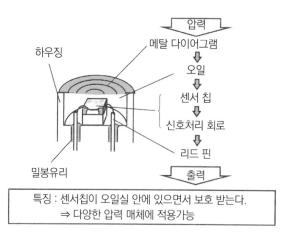

그림 4-23 오일밀봉 타입의 고압센서 구조

오일 밀봉 타입의 구조적 특징은 센서 칩이 오일과 메탈 다이어그램으로 보호받기 때문에 압력 매체 자신 또는 매체에 포함된 오염성분에 의한 화학적 손상에 영향이 적으며, 어떤 압력매체에 대해서도 센서칩에 대한 손상을 걱정할 필요 없이 사용할 수 있다는 점이다. 이런 장점 때문에 오일밀봉 타입 압력센서는 표 4-13에서 보는 것처럼 다양한 용도로 폭넓게 사용된다.

표 4-13 차량용 고압센서의 주요 용도

종류	압력대[MPa]	용도
에어컨냉매 압력	1~5	냉매압력의 이상감시 외에, 저연비를 위한 콘덴서의 냉각용 전동팬 제어나 가변용량 컴프레서의 용량을 제어하는데 사용된다.
가솔린연료 압력	5~20	직접분사 엔진의 연료압 모니터 및 피드백 제어에 따른 연료분사압 최적화에 사용된다.
변속기오일 압력	2~5	CVT 변속비를 제어하기 위해서, 벨트풀리의 폭을 가변시키는 액추에이터 유압을 검출해 피드백 제어한다.
브레이크오일 압력	5~20	전자제어 브레이크 등의 시스템에서 마스터 실린더나 어큐뮬레이터 및 각 바퀴의 브레이크 유압을 검출해 각 바퀴의 브레이크 유압을 제어한다.
엔진오일 압력	0.3~0.5	가변 실린더 시스템 엔진에서 기통휴지를 위해 흡배기 밸브의 리프트를 제어하는 엔진 유압을 감시한다.

오일밀봉 타입의 Si 피에조저항 방식 고압센서에 관해 브레이크용 유압센서와 에어컨용 냉매압 센서 2가지를 예로 들어 그 패키징 기술을 살펴보겠다.

① 브레이크유압 센서

자동차의 브레이크 시스템은 횡슬립 방지와 같은 시스템에서 볼 수 있듯이, 각 바퀴의 브레이크 성능 상태를 각각 전자 제어하는 식으로 진화해 왔다. 그 때문에 브레이크유압 센서는 마스터 실린더나 어큐뮬레이터(축압기)의 유압을 감지할 뿐만 아니라, 각 바퀴의 브레이크유압에서 취득한 데이터를 제어로 피드백하기 위해 차량 한 대에 유압센서를 7 개나 장착하는 것이 일반적이다(그림 4-24).

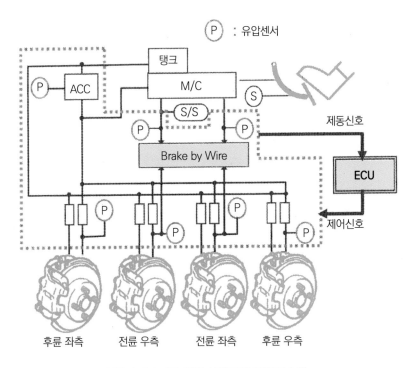

그림 4-24 4륜 독립 브레이크 제어시스템

유압센서들은 유압을 전환해 제어하는 복수 수량의 솔레노이드 밸브와 함께 브레이크 어큐뮬레이터로 불리는 브레이그유압 제어기기기 같이 설치된다. 따라서 브레이크유압 센서는 작고 장착하기가 쉬운 것, 솔레노이드 밸브의 똑같은 성격과 형상의 센서이어야 한다.

그림 4-25 브레이크유압 센서

그림 4-25는 브레이크 액추에이터에 들어가는 브레이크유압 센서의 외관 모습이다. 유압센서는 솔레노이드 밸브와 마찬가지로 액추에이터의 알루미늄 하우징에 장착해 탑재할 수 있도록 센서의 하우징 형상이나 치수를 솔레노이드 밸브와 같게 한다. 센서의 배

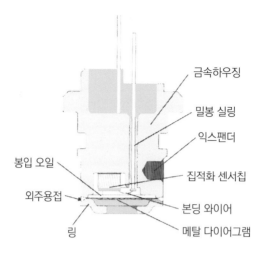

그림 4-26 브레이크유압 센서의 단면구조

금속하우징
밀봉 실링
익스팬더
집적화 센서칩
본딩 와이어
메탈 다이어그램
봉입 오일
외주용접
링

선은 솔레노이드 밸브 구동용, 버스 바 배선을 이용해 저항용접으로 접속하기 때문에 와이어 하니스나 커넥터가 필요 없이 리드 핀에서 단자가 나와 있다.

그림 4-26은 오일밀봉 타입 브레이크유압 센서의 단면구조를 나타낸 것이다. 오일실이 되는 금속하우징의 파인 부분에 기판유리를 양극 접합한 센서칩이 접착재료로 고정된다. 그림 4-27에서 보듯이, 센서칩은 게이지저항을 배치한 다이어그램 부분 주변에 증폭회로나 노이즈 보호소자 등과 같은 신호처리회로를 탑재한 1칩 집적화 센서로 되어 있다.

센서칩과 리드핀은 본딩 와이어로 접속되고, 메탈 다이어그램은 하우징과 링 사이에

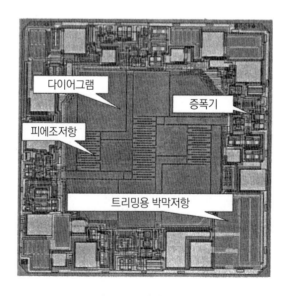

그림 4-27 집적화 센서 칩

위치해 외주를 용접한다. 오일 실(室)의 오일은 익스팬더 부분의 오일 구멍을 통해 충전되며, 이 구멍이 익스팬더로 밀봉된다.

이 구조에서 가장 중요한 점은 오일실의 밀봉구조 신뢰성으로, 리드 핀의 유리 밀봉 실링과 익스팬더에 의한 오일 실 밀봉 2가지가 포인트이다.

유리 밀봉 실링은 저탄소강 하우징과 니켈합금의 리드핀 사이에 실리콘 산화물 계통의 유리를 약 1000℃ 정도로 소성해 집어넣는다. 이것을 실온으로 되돌리면 유리가 금속보다 열팽창 계수가 작고, 수축률이 작기 때문에, 그림 4-28에서 보듯이, 유리에 압축응력이 발생해 하우징과 리드핀의 틈새가 막힌다. 이것을 열처리삽입 효과라고 한다.

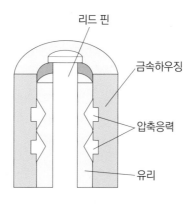

그림 4-28 유리 밀봉 실링

오일실의 밀봉은 최종적으로 익스팬더에 의해 이루어진다. 그림 4-29에서 보듯이, 익스팬더 안에 미리 세팅된 금속구슬을 넣으면 익스팬더가 하우징 구멍의 지름 방향으로 벌어지고, 이것이 하우징과 맞물리면서 오일실의 밀봉이 확보된다. 익스팬더 바깥쪽은

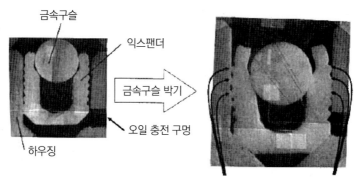

그림 4-29 익스팬더에 의한 실링

측정 매체인 브레이크 오일 안에 놓이기 때문에 익스팬더 안과 밖은 압력이 같아진다. 그러므로 실 부분에는 압력 매체에 의한 외력이 거의 걸리지 않기 때문에 더 안전한 실링 구조를 보인다.

② 에어컨냉매 압력센서

그림 4-30에서 보듯이, 에어컨냉매 압력센서는 컴프레셔를 통해 순환하는 냉매의 흡입압축과 콘덴서에서 열 교환을 통한 응축, 익스팬션 밸브(팽창밸브)에 의한 감압, 이배퍼레이터에 의한 흡열기화 같은 냉동 사이클에 있어서 콘덴서 후방의 고온고압인 냉매압력을 검출한다.

냉매압 센서가 이상한 압력을 검출되었을 때는 컴프레셔를 정지시켜 냉동 사이클 기기를 보호한다. 컴프레셔는 벨트를 매개로 엔진으로부터 구동력을 얻지만, 그 구동력 전달을 전자력으로 온·오프하기 위해서 컴프레셔의 벨트 풀리 부분에 마그네틱이 설치되어 있다. 압력이 이상하게 높아지면 기기의 고장, 파손으로 이어지기 때문에 마그네틱의 전원을 차단해 컴프레서를 정지(풀리를 공회전)시킨다.

냉매 가스가 새는 등의 이유로 극도로 부족해진 상태가 됐을 때 컴프레셔를 구동시키면 컴프레셔 오일의 윤활이 나빠져 늘러 붙을 위험성이 있다. 그래서 냉매부족으로 인해 냉매압력이 극단적으로 낮을 때도 마그넷 클러치의 전원을 끊어 컴프레셔를 보호한다.

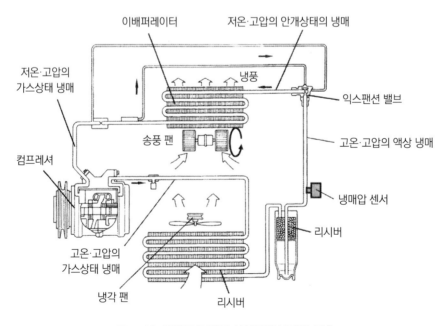

그림 4-30 에어컨의 냉동 사이클과 냉매압 검출

또 냉매압 력센서 신호는 저연비를 위해 냉방능력을 적절히 조정할 목적으로, 콘덴서의 냉각용 전원 팬 제어나 가변용량 컴프레셔의 가동용량 제어에도 이용된다.

그림 4-31는 오일밀봉 타입의 에어컨 냉매압 센서 외관과 단면구조를, 그림 4-32은 오일 실의 실링 부분을 확대한 것이다. 커넥터가 일체화된 수지 케이스의 파인 부분에 기판 유리를 양극접합한 센서칩이 접착재료로 고정된다. 센서칩과 수지 케이스에 삽입된 커넥터 핀은 본딩 와이어로 접속되고, 커넥터 핀 주변은 실링제가 주입된다.

메탈 다이어그램은 금속 하우징에 링으로 끼워서 미리 외주를 용접한다. 오일실이 되는 수지 케이스의 파인 부분에 오일을 채워 넣고, 파인 부분의 외주에는 O링을 끼운다. 메탈 다이어그램이 용접된 금속 하우징을 수지 케이스에 밀어 넣고, 수지 케이스를 감싸

그림 4-31 에어컨 냉매압 센서의 구조

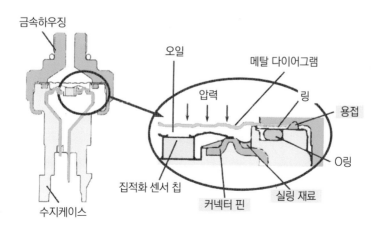

그림 4-32 에어컨 냉매압 센서의 오일 실(室) 실링 구조

듯 박아 고정한다.

이 구조의 포인트는 수지 케이스로 오일을 밀봉한다는 점이 특징이다. 수지를 이용해 오일을 밀봉하려면 다음 3가지가 필요하다.

　㉠ 수지 본체로 오일이 들어가지 않을 것

　㉡ 수지가 인가되는 전압을 견딜 수 있을 정도의 강도를 가질 것

　㉢ 수지와 커넥터 핀과의 틈새를 밀봉할 것

　㉠ 수지에 침투하지 않는 오일의 선정

통상적인 오일의 분자지름은 2~10nm이다. 이에 반해 금속이나 유리는 격자간 거리가 0.2~0.7nm 정도이기 때문에 오일이 금속이나 유리 본체로 들어가는 경우는 없다. 하지만 수지의 격자간 거리는 일반적으로 20~30nm이기 때문에, 그림 4-33처럼 이보다 큰 분자지름의 오일을 사용할 필요가 있다. 이 외에도 차량환경 온도를 고려하면 오일의 내열온도는 200℃ 이상이 필요하다. 그 때문에 오일은 분자지름이 100nm 이상에 열분해 온도가 300℃ 이상인 불소 오일이 사용된다.

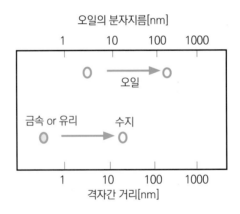

그림 4-33 수지에 의한 오일 실링 개념

　㉡ 수지의 내압강도

이 센서는 금속하우징에서 수지를 고정하는 구조이므로 우선 온도 사이클에서 고정이 느슨해지지 않는 수지재료를 선정할 필요가 있다. 그런 수지재료로는 유리섬유가 들어간 PPS(폴리페닐렌 설피드)가 있다.

오일실이 설치된 수지 케이스 표면에는 압력매체로부터의 압력이 전달된다. 수지재료 강도로서는 굴절강도 같은 정적인 파괴강도 외에도 압력의 반복에 대한 피로강도와 연속

적인 장시간 가공에 대한 크리프강도를 고려할 필요가 있다. 통상 피로강도나 크리프강도는 정적인 파괴강도의 1/2~1/3이기 때문에 충분한 주의가 필요하다. 또 일반적으로 수지의 강도는 고온일수록 떨어지기 때문에 사용 최고온도의 피로강도나 크리프강도를 정확하게 파악해 허용 최대응력을 설정할 필요가 있다.

한편 수지 케이스에 전달되는 압력에 의해 발생하는 수지 케이스 각 부분의 응력을 유한요소법을 통한 응력해석으로 구한다. 다음, 최대발생 응력이 재료강도로부터 결정되는 허용최대 응력을 초과하지 않도록 형상을 설계한다. 그림 4-34는 그 응력을 해석한 한 가지 사례이다. 수지 케이스의 머리 부분 코너에 최대응력이 발생하여, 그 응력이 재료강도보다 작도록 T(수지 두께), R(코너 반경), L(고정길이) 등과 같은 형상 파라미터를 최적화한 것이다.

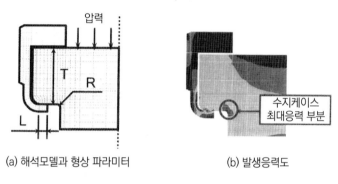

(a) 해석모델과 형상 파라미터   (b) 발생응력도

그림 4-34 수지 케이스의 응력해석 예

ⓒ 커넥터 핀의 실링

전기신호가 나오는 커넥터 핀은 수지 케이스에 삽입하는 형태로 고정되어 있지만, 수지와 커넥터 핀과의 계면은 완전히 막혀 있지 않고 틈새가 있다. 그러므로 그대로 사용하면 오일이 새므로 방지책으로 커넥터 핀 주위에 실링 재료를 주입한다. 그림 4-35처럼 이 실링 재료는 압력이 인가되면 커넥터 핀의 틈새를 메꾸듯이 퍼지기 때문에 내압이 높은 실링구조로 되어 있다.

실링 재료로는 오일 실(室)의 불소 오일에 침범 받지 않아야 하므로 실리콘 고무가 사용된다. 다만 실리콘 고무의 열팽창 계수가 200ppm 이상이나 되어 커넥터 핀 재료의 구리 16ppm 또 수지재료 PPS의 30ppm과 비교해 훨씬 높기 때문에, 열팽창 차이로 인한 열응력으로 실링재료와 커넥터 핀 또는 수지와의 계면이 벗겨지지 않도록 구조설계에

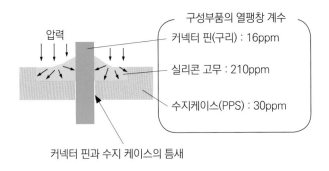

그림 4-35 **커넥터 핀과 수지의 틈새 실링**

유의할 필요가 있다. 구체적으로 실링재료 계면의 열응력이 실링재료의 커넥터 핀이나 수지와의 접촉강도(피로강도 및 크리프강도)를 초과하지 않도록 실링재료 주입부분 형상을 설계할 필요가 있다.

(4) 초고압센서의 패키징 기술

자동차용 압력센서 가운데 가장 높은 압력을 검출하는 것이 디젤엔진용 커먼레일 압력센서이다. 디젤엔진의 연료분사 시스템 가운데 하나인 커먼레일 연료분사 시스템은 뛰어난 특징을 갖고 있다. 이 시스템에서 커먼레일 압력센서는 최대 약 200MPa이나 되는 아주 높은 연료분사 압력을 검출하기 위해서 이용된다.

디젤엔진은 가솔린엔진과 비교해 열효율이 높기 때문에, 연비가 좋고 CO_2 배출량이 적다는 장점이 있다. 경제성이 뛰어나고 환경에도 친화적이라 유럽에서는 트럭이나 버스 같은 상용차뿐만 아니라 승용차에도 디젤엔진 차량이 널리 보급되었다.

디젤엔진은 연료인 경유의 비점이 가솔린보다 높아 균일한 혼합기를 얻기 어렵다는 이유 때문에, 본질적으로 균일한 연소를 얻기 어려워 흑연이나 입자상 물질(PM)이 쉽게 발생하는 문제가 있다. 특히 연료가 많이 필요한 출발이나 가속 등의 고부하 운전에서는 이런 경향이 더욱 두드러진다.

디젤엔진의 배출가스를 깨끗이 하기 위한 중요한 포인트 한 가지는, 얼마나 연료를 미립화하여 실린더 내로 균일하게 분사하느냐는 것이 관건이다. 연료분무의 미립화를 통해 연소를 개선하고 연료분사압을 최대한 높이는 것이 바람직하다. 연료분사압은 엔진 회전수나 부하상태에 좌우되지 않고, 안정적으로 높은 압력을 얻는 것이 필요하다. 특히 엔진 회전이 낮고 부하가 높게 출발할 때 연료공급 펌프에서 충분한 고압연료를 분사하지 못

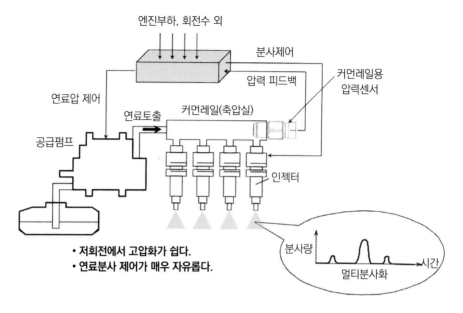

그림 4-36 커먼레일 방식 연료분사 시스템

하면, 불완전 연소에 의한 흑연이 발생하게 된다.

디젤엔진의 과제를 해결하는 연료분사 시스템은 커먼레일 방식이다. 커먼레일 방식 연료분사 시스템은 그림 4-36에서 보듯이, 공급펌프에서 고압으로 압축된 연료를 커먼레일이라고 부르는 축압실에 모았다가 ECU에서 인젝터의 전자밸브를 제어하는 방식으로 실린더 내로 분사하는 시스템이다. 연료압력은 커먼레일에 장착된 커먼레일 압력센서에 의해 검출되어, 공급펌프의 전자밸브에 의해 엔진 회전수와 부하에 맞춰서 규정된 최적의 값으로 피드백 제어한다.

공급펌프에서 압송되는 고압연료를 커먼레일에 일단 저장함으로써 엔진 회전수가 낮을 때라도 고압의 연료분사가 가능하기 때문에, 엔진의 운전조건에 영향을 받지 않고, 연료의 분무를 미립화할 수 있다. 그 결과 출발이나 가속 같은 고부하 운전 시, 연료 분사량을 늘려도 불완전 연소가 줄어들어 디젤엔진 고유의 흑연을 감소 시킬 수 있는 것이다.

엔진 회전수와 상관없이 연료분사 시간, 분사량, 분사압을 자유롭게 제어할 수 있기 때문에, 차량의 운전조건에 맞춘 최적의 연료분사를 통해 배출가스 속의 질소산화물 억제나 소음, 진동, 시동성 같은 디젤엔진의 여러 가지 문제 개선에도 기여한다.

이처럼 커먼레일 방식 연료분사 시스템의 뛰어난 특징을 가질 수 있는 것은 커먼레일에 사용되는 압력센서 때문이다. 커먼레일 압력센서는 주로 Si 피에조저항 방식과 박막 피에조저항 방식 2종류가 사용되는데, Si 피에조저항은 박막 피에조저항보다 3~10배의 피에조저항 계수를 갖기 때문에 감도를 높일 수 있다는 점에서 유리하다.

Si 피에조저항 방식 커먼레일 압력센서의 패키징 기술에 대해 살펴보겠다.

그림 4-37은 Si 피에조저항 방식 커먼레일 압력센서의 외관과 크기를 예로 든 것이다. 이 센서는 200MPa이상의 초고압에 견딜 수 있는 구조로, ±1%FS의 높은 압력검출 정확도를 갖고 있다.

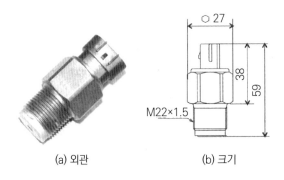

(a) 외관　　　　　(b) 크기

그림 4-37 커먼레일 압력센서

그림 4-38는 내부구조를 나타낸 것이다. 압력검출 부분은 200MPa의 초고압을 검출하기 때문에, 금속제 스템에 센서칩을 저융점 유리로 접합한 구조를 하고 있다. 센서칩은 슬림한 다이어그램 부분이 형성된 것이 아니라, 두께 $200\mu m$ 정도의 평판 칩이다. 연료압은 스템에 나 있는 얇은 다이어그램 부분에서 받는다. 압력이 전달되면 다이어그램 부

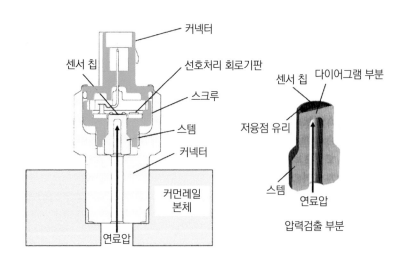

그림 4-38 커먼레일 압력센서의 구조

분과 바로 위에 접합된 센서칩이 같이 변형되고, 센서칩에 형성된 게이지 저항의 센싱 브릿지에 검출된다.

센서칩 표면은 대기 중에 개방되어 있어 대기압과의 상대압을 검출하지만, 커먼레일 연료압은 대기압의 1000배 이상이기 때문에 대기압의 다소간 변동은 무시할 수 있어서 절대압을 검출하는 것과 거의 똑같다고 할 수 있다.

압력검출 부분을 형성하는 스템은 스크루에 의해 커먼레일 본체의 장착부분인 금속 하우징에 고정된다. 한편 센서칩에서의 압력검출 신호는 본딩 와이어로 신호처리 회로기판에 접속되고, 신호처리 회로의 전원과 접지 및 출력단자는 수지 커넥터에 끼워져 형성된 커넥터 핀과 접속한다.

이 구조에서 가장 중요한 부분은 압력검출 부분이다. 높은 정확도에 고내압 센서를 실현하기 위한 압력검출 부분의 구조상 요구 사항은 다음과 같은 5가지이다.

① 스템 재료의 열팽창 계수와 강도
② 스템과 센서칩의 유리접합
③ 스템 다이어그램 부분의 형상
④ 스템 형상의 최적화에 따른 스트레스 저감
⑤ 스템과 하우징 접촉부분의 실링

이 중요 사항들을 정리한 것이 그림 4-39이다.

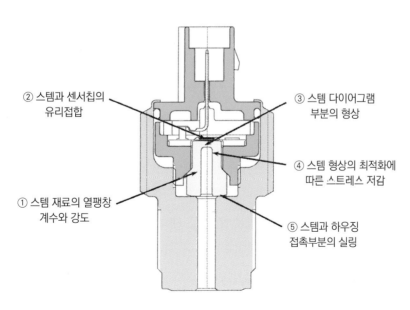

② 스템과 센서칩의 유리접합
③ 스템 다이어그램 부분의 형상
④ 스템 형상의 최적화에 따른 스트레스 저감
① 스템 재료의 열팽창 계수와 강도
⑤ 스템과 하우징 접촉부분의 실링

그림 4-39 커먼레일 압력센서의 요구 사항

(5) 극한환경에 대응하는 압력센서의 패키징 기술

자동차 중 가장 혹독한 환경은 연료연소에 의해 1000℃ 이상이나 온도가 올라가는 엔진의 실린더 내부이다. 화학적 부식은 배출가스 성분이 녹아들어 강산성의 배기 응축수가 생성되는 배기관이다. 이런 혹독한 환경에서도 압력센서는 사용되고 있고, 사용해야 한다.

① 연소 압력센서

그림 4-40는 연소 압력센서를 이용한 희박연소제어 시스템을 나타낸 것이다. 연소 압력센서는 엔진의 실린더 헤드에 장착해 실린더 안의 압력을 직접 검출한다. 실린더 안의 연소압력을 알게 되면 신뢰성 있는 엔진 토크를 산출할 수 있기 때문에, 연료 분사량을 토크 변동의 허용한계까지 희박한 공연비가 되도록 제어할 수 있다.

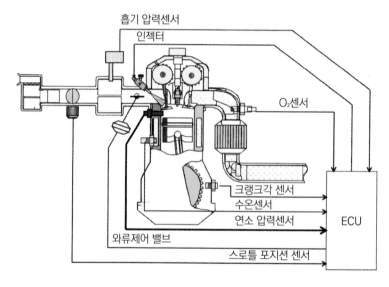

그림 4-40 연소 압력센서에 의한 희박연소 시스템

그림 4-41는 연소 압력센서의 외관과 구조에 대한 사례를 나타낸 것이다. 이 센서의 수압구조는, 다이어그램에서 연소압력을 받고 로드와 반원형 부분에서 그 압력을 센서칩으로 전달하는 구조이다. 다이어그램은 연소할 때 화염에 노출되어 400℃ 정도까지 가열되기 때문에 내열성이 뛰어난 스테인리스강이 사용된다. 또 다이어그램의 단면형상은 그림에서도 볼 수 있듯이 중심부와 주변부가 두껍고, 중간에는 두께가 얇은 부분이 동심원 상태로 설치되어 있다. 이것은 압력감도를 높이는 동시에, 공진주파수를 낮춰 불필요

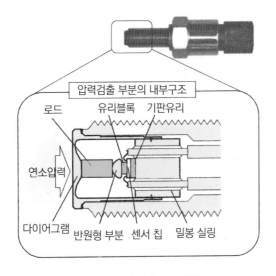

그림 4-41 연소 압력센서의 외관과 구조

한 진동을 방지하기 위해서이다. 로드는 내열성이 뛰어난 지르코니아 제품으로, 400℃ 까지 올라가도 다이어그램으로부터 센서칩을 열적으로 분리해 반원형 부분에 압력을 전 달하는 역할을 한다. 탄소강 제품의 반원형 부분은 진동으로 의해 로드 축이 좌우로 미세 하게 흔들려도 센서 칩으로는 편향이 생기지 않도록 하기 위한 것이다.

연소 압력센서는 실린더 안의 압력을 직접 검출할 수 있기 때문에 토크의 정밀제어뿐 만 아니라, 이상 연소나 실화검출과 같이 엔진제어에 있어서 매우 유용한 센서이다. 그러 므로 크기나 가격 등의 측면에서 더 사용하기 편리한 센서가 요구되기 때문에 더 발전된 기술개발, 특히 패키징 기술면에서의 진화가 더욱 기대되고 있다.

② 배출가스 압력센서

디젤엔진의 배출가스 처리중, 그림 4-42에서 보듯이 DPF(Diesel Particulate Filter)라 고 하는 시스템이 있다. DPF는 엔진의 연료분사 제어만으로는 다 제거하지 못하는 매연을 입자상 물질(PM)을 필터로 걸러낸 다음, 이 PM이 어느 정도 누적된 시점에서 필터를 가열 시켜 PM을 태워버리는 후처리 시스템이다. 배출가스 압력센서는 필터의 상류와 하류의 배출가스 압력차를 측정해 필터의 막힘, 즉 PM의 퇴적상태를 검출하는 역할을 한다.

그림 4-43은 배출가스 압력센서의 외관과 구조를 나타낸 것이다. 센서칩은 탱크내부 압력센서와 마찬가지로 구멍이 뚫린 기판유리에 접합되어, 칩의 표면과 뒷면의 압력차를 검출하는 차압센서로 되어 있다. 센서 칩 양쪽은 오일밀봉 타입의 고압센서와 마찬가지

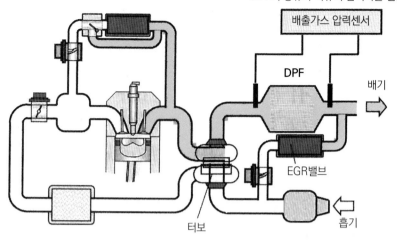

그림 4-42 배출가스 압력센서의 시스템 구성

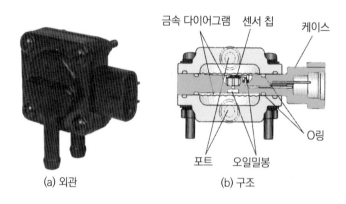

(a) 외관   (b) 구조

그림 4-43 배출가스 압력센서의 외관과 구조

로, 양쪽 모두 메탈 다이어그램으로 오일을 밀봉한 구조를 하고 있다. 두 가지 각각의 오일실(室) 포트로부터 들어오는 필터 상류와 하류의 배출가스 압력이 전달되고 차압을 검출한다.

이 센서의 패키징 특징은 메탈 다이어그램의 재질에 있다. 포트로부터 들어오는 배출가스 속의 질소산화물이나 유화물 등에 의해 PH 2 이하의 매우 강한 산성 배기 응축수가 다이어그램 상에 생성되기 때문에, 다이어그램에는 수력발전소 굴뚝에도 사용되는 부식성이 강한 금속이 사용된다.

3 가속도센서

1) 가속도센서의 용도

차량용 가속도센서는 차량충돌에 대한 안전장치인 에어백 시스템, ESC(Electronic Stability Control : 차체자세제어장치)등과 같이 차량의 이동을 제어하는 차량제어 시스템에 많이 사용된다. 에어백 시스템은 충돌을 판정하기 위한 충격력 감지하고, ESC 시스템에서는 차량의 횡슬립 이동 정보를 취득할 때 사용된다.

이것은 그림 4-44이다. 그림의 가로축은 가속도 정보 취득을 위한 대역으로, 단위는 G로 표시한다. 1G는 지구표면의 중력가속도(약9.8m/s^2)에 해당하지만, 에어백 시스템에서의 검출가속도는 통상 5G 이상이고 ESC에서의 검출가속도는 대략 1~2G 정도이다. 자동차용 가속도센서는 편의상 2~5G를 경계로, 그 이상의 검출가속도 대역의 센서를 고(高)G(가속도)센서, 이하 대역을 저(低)G 센서로 구분한다.

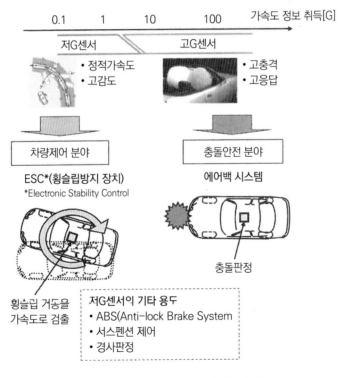

그림 4-44 차량용 가속도센서의 주요 용도

고G센서는 거의 에어백 시스템에만 사용된다. 에어백 시스템에서는 차량 1대당 7~8

개의 가속도센서를 사용하는 경우가 대부분이며, 고G센서 수량이 가속도센서 전체에서 80% 이상을 차지한다. 저G센서는 차체의 횡슬립 거동을 검출해 ABS(Anti-lock Brake System)의 브레이크 제어에 사용되거나, 서스펜션 제어용으로 차체 상하방향 G값을 취득하는데 사용하고 있다.

(1) 에어백 시스템용 고G센서

① 에어백 시스템

그림 4-45는 에어백 시스템의 기본구성을 나타낸 것이다. 시스템은 기본적으로, 충돌을 감지해 에어백 가동 신호를 보내는 에어백ECU와 그 신호를 받아 에어백을 가동시키는 에어백 모듈로 구성된다. 에어백 모듈은 탑승객을 보호하는 에어백 자체와 에어백이 팽창되도록 질소가스를 발생시키는 공기팽창기(Inflater), 공기팽창기의 점화장치로 구성된다. 에어백ECU는 차체의 센서 콘솔 부근에 위치해 차량이 충돌했을 때 생기는 충격을 충돌감지용 가속도센서를 통해 검출한다. 검출된 몇 10G의 가속도 신호는 충돌판정 회로를 통해 충돌에 의한 충격인지 아닌지가 판정한다. 판정신호는 에어백 모듈의 점화 장치를 구동하는 신호이지만, 그와 동시에 안전용 가속도 센서도 기준값 이상의 가속도를 검출하지 않으면 점화되지 않는 구조로 되어 있다. 가속도센서의 고장이나 충돌 이외

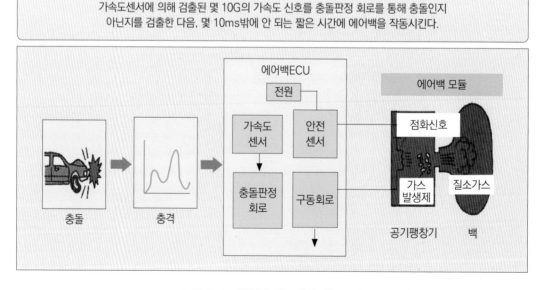

그림 4-45 에어백 시스템의 기본구성

의 진동과 같은 오류 정보 또는 전기잡음에 의한 오동작에 의해 하나라도 에어백이 잘못 터지는 것을 막기 위해서 센싱을 2중으로 배치한 체계로 운영된다.

에어백 시스템이 세계에서 처음 실용화된 것은 의외로 오래 전인 1974년이었다. 당시 시스템은 신뢰성이나 가격측면에서 아직 미성숙했기 때문에 일단은 생산이 중지되었다. 그러나 안전성 향상에 대한 적극적 대처에 힘입어 개발이 진행되다가 86년부터 다시 차량 메이커들이 장착하기 시작한다. 그 후 92년에 미국에서 에어백 장착이 의무화된 것을 계기로 각국에서 장착의무가 법제화된 결과, 90년대 중반부터 장착비율이 급격히 확대되었다.

에어백 시스템은 운전석과 조수석의 에어백이 모든 차에 표준 장착되면서 양적으로 급격히 확대되는 한편으로, 다양한 사고형태에 대응해 질적으로도 다양한 진화를 거두고 있다. 그림 4-46에서와 같이 측면에서의 충돌에 대응한 앞좌석과 뒷좌석의 사이드 에어백, 측면으로 충돌했을 때의 머리보호나 차량이 굴렀을 때를 대비한 커튼 에어백, 탑승객의 하체를 보호하는 무릎 에어백, 에어백의 작동 자체가 탑승객에게 주는 위험과 위해성을 감소시키기 위한 2단 에어백 등이 활용되고 있다.

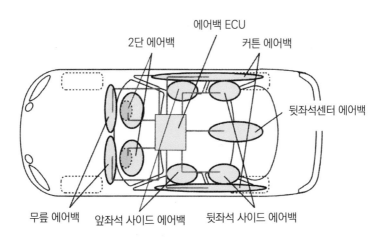

그림 4-46 에어백 시스템의 다양화

2단 에어백은 두 개의 공기팽창기를 갖추고 충격 강도에 따라 공기팽창기를 2단계로 점화시킬것인지, 동시에 점화시킬 것인지를 선택하는 시스템이다. 고속에서의 갑작스러운 충돌시에는 두 개의 공기팽창기를 동시에 점화시킴으로써 탑승객에 대한 심각한 피해를 줄인다. 한편 차속이 느리고 비교적 심하지 않은 충격인 경우에는 두 개의 공기팽창기를 순차 2단계로 점화한다. 이로 인해 에어백이 완만히 팽창하기 때문에, 저·중속 충돌

때 볼 수 있는 에어백의 팽창충격으로 인한 탑승객에 대한 위해성을 감소시킬 수 있다. 이 시스템에서는 충돌 때의 충격 강도를 신속히 감지할 필요가 있는데, 차량의 가장 앞쪽에 배치되는 전방센서가 중요한 역할을 하게 된다.

② 고G센서의 용도

그림 4-47는 에어백 시스템에서 사용되는 고G센서의 탑재위치를 나타낸 것이다. 그림 속의 센서 안 화살표는 가속도의 검출방향을 나타낸 것이다. 차량의 센터 콘솔 부근에 위치하는 에어백ECU에는 일반적으로 앞쪽부터 충돌을 감지하는 전면충돌 센서와 안전 기능인 세이핑 센서가 탑재되어 운전석과 조수석 에어백을 가동하기 위해서 이용한다. 전면충돌 센서의 검출가속도 대역은 50~100G 정도, 세이핑 센서의 검출가속도 대역은 20~30G이다. 또 차량이 전복되었을 때 탑승객을 보호하기 위한 커튼 에어백이 장착되어 있을 때는, 횡전복 방향의 가속도를 검출하는 롤오버 센서도 에어백ECU에 탑재된다.

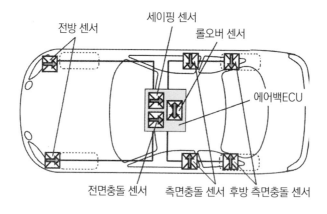

그림 4-47 에어백용 고G센서의 탑재위치

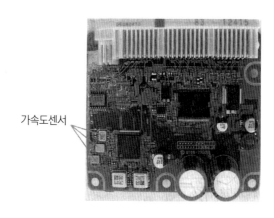

그림 4-48 에어백ECU의 회로기판

롤오버 센서의 검출가속도 대역은 5G 정도이다. 그림 4-48는 에어백 ECU의의 회로기판을 나타낸 것이다.

측면에서의 충돌에 대비한 사이드 에어백은 표준 장착화가 진행 중이기는 하지만, 측면충돌 의 경우는 충돌 부위와 탑승객과의 거리가 아주 가깝기 때문에 그 충격을 최대한 빨리 감지할 필요가 있다. 그러므로 좌우 문짝 아랫부분에 측면충돌 센서가 탑재한다. 뒷좌석에도 측면충돌 센서가 탑재되는 경우가 있다. 측면충돌 센서는 충돌 부위의 강한 충격을 직접 검출하기 때문에 검출가속도 대역이 150G 정도에 이른다.

차량 가장 앞부분에 탑재되는 전방센서는 크래시 존 센서라고도 하는데, 전면충돌 시 충돌 부위의 충격을 신속히 검출하는 센서이다. 전방센서는 2단 에어백 때문에 충돌 강도를 검출하거나, 옵셋 충돌로 불리는 차량 전면의 한 쪽으로만 충돌하는 경우의 감지에 이용되기도 한다. 전방센서의 검출가속도 대역은 고G센서 가운데서도 가장 높은 편으로, 100~200G에 이른다. 전방 센서는 엔진룸 안에 탑재되기 때문에 사용온도 범위나 진동, 침수 등의 사용 환경이 다른 가속도센서에 비해 가혹하다고 할 수 있다.

지금까지 언급한 에어백 시스템용 가속도센서의 용도를 검출가속도 대역 순으로 정리한 것이 그림 4-49이다.

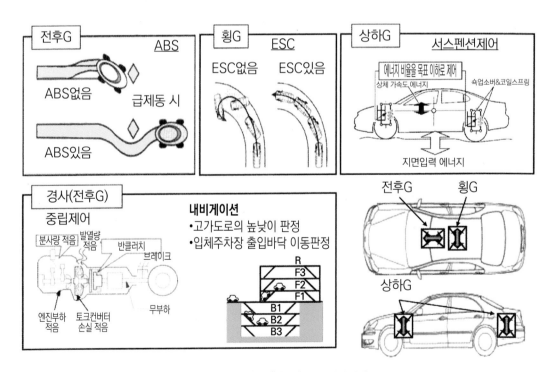

그림 4-49 차량제어용 가속도 센서의 용도

표 4-14 에어백용 가속도센서의 검출 대역

가속도대역	±5G	±20G	±30G	±50G	±100G	±150G	±250G
용도	롤오버	센싱		전면충돌	측면충돌	전방(크래시 존)	

(2) 저G센서의 용도

검출가속도 대역이 1~2G 정도인 저G센서는 차량제어용 시스템에 많이 사용된다. 차량제어 시스템이라는 것은 자동차의 기본성능인 「주행」, 「선회」, 「정차」기능을 전자제어를 통해 더 안전하게 또는 더 쾌적하게 작동시키는 시스템을 말한다. 앞서 언급한 ESC(Electronic Stability Control : 차체자세제어장치) 등이 여기에 해당한다. 그림 4-49은 대표적인 차량제어용 가속도센서들의 용도를 나타낸 것이다.

ABS(Anti-lock Brake System)는 그림 4-50에서 처럼, 얼어붙은 도로, 미끄러지기 쉬운 노면에서 급브레이크를 동작시켰을 때, 타이어가 잠겨 미끄러지는 것을 방지해 제동거리를 줄이거나 장해물을 피하기 위한 조향성 확보하는 작용을 한다. 이 시스템에서 가속도센서는 차량 앞뒤방향의 가속도에서 차체의 감속도를 검출함으로써, 차체속도의 추정 정확도를 높여 제동성을 향상시키는 역할을 한다.

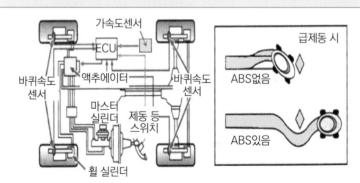

그림 4-50 ABS(Anti-lock Brake System)

ESC는 그림 4-51에서와 같이, 심하게 스티어링을 조작했을 때, 미끄러지기 쉬운 도로에서 주행 중, 차량의 횡슬립을 감지하여 각 바퀴에 적절히 브레이크를 걸어줌으로써, 차량 진행방향을 운전자 의도대로 수정하고 유지하게 해주는 시스템이다. 예를 들어 차량

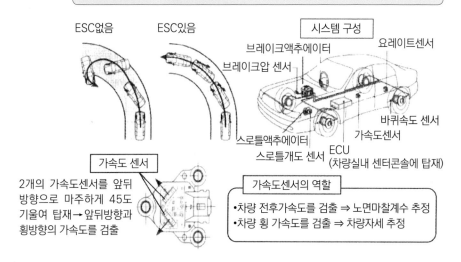

ABS가 제동을 걸 때 바퀴의 슬립을 방지하지만, ESC는 가속도센서, 요 레이트 센서의 정보를 통해 주행 시 횡슬립을 방지한다.

ESC없음 ESC있음

시스템 구성

브레이크액추에이터
브레이크압 센서
요레이트센서
바퀴속도 센서
가속도센서
스로틀액추에이터
스로틀개도 센서
ECU
(차량실내 센터콘솔에 탑재)

가속도 센서

2개의 가속도센서를 앞뒤
방향으로 마주하게 45도
기울여 탑재→앞뒤방향과
횡방향의 가속도를 검출

가속도센서의 역할

• 차량 전후가속도를 검출 ⇒ 노면마찰계수 추정
• 차량 횡 가속도를 검출 ⇒ 차량자세 추정

그림 4-51 ESC(Electric Stability Control)

의 앞바퀴가 횡슬립하여 언더 스티어(차체의 선회량이 스티어링 조작량보다 적어서 운전자의 의도대로 차가 돌지 않는 현상)가 되려고 할 때는 선회하는 안쪽의 뒷바퀴에 브레이크를 걸고, 또 뒷바퀴가 횡슬립해 오버 스티어(차체의 선회량이 스티어링 조작량보다 많아서 운전자의 의도 이상으로 차가 도는 현상)가 되려고 할 때는 앞바퀴 중 선회 바깥쪽에 브레이크를 걸어 차량방향을 수정한다.

이 시스템에 있어서 가속도센서는 그림 4-51에서와 같이, 2개의 가속도센서를 앞뒤방향으로 마주하게 45도씩 비스듬히 탑재해 앞뒤방향 가속도와 횡방향 가속도를 검출한다. 앞뒤방향 가속도는 노면의 마찰계수를 추정하기 위해서 사용되고, 횡방향 가속도는 차량 수평면에서의 회전각속도를 검출하는 요 레이트 센서와 함께 차량자세를 추정하는데 사용한다. 가속도센서와 요 레이트 센서는 1개로 조합하여 사용하는 경우도 있는데, 이런 센서를 이너셔(Inertia)센서라고 부른다. 그림 4-52는 이너셔 센서의 외관과 내부 사진을 보여주는 한 가지 예이다. 센서 케이스 안에 프린트 기판이 들어가 있어서, 가속도 센서 및 요 레이트 센서와 함께 CAN(Controller Area Network)통신의 출력에 대응하는 마이크로컴퓨터가 탑재된다.

요 레이트 센서　　　　가속도센서

CAN대응 마이크로컴퓨터

(a) 외관　　　　　　　(b) 내부회로 기판

그림 4-52 이너셔 센서

서스펜션 제어는 차량 하중이나 주행상태, 노면상황에 맞춰서 차고를 제어하는 동시에 서스펜션의 스프링 정수나 감쇠력을 제어하는 것이다. 스프링 정수와 감쇠력 제어는 급한 감속도나 급선회 때 차량자세 변화를 억제해 조종 안정성을 향상시킨다. 이 시스템에 있어서 가속도센서는 차량 상하방향의 가속도를 검출하여 차체 진동을 감지하는데 사용된다.

차량의 정적인 전후가속도를 검출해 차체의 기울기를 감지하는 용도도 있다. 차체가 수평일 때는 중력가속도가 차체의 중력방향으로만 작용하지만, 경사로 등과 같이 차체가 기울었을 때는 앞뒤방향으로 중력가속도에 의한 분력이 발생하기 때문에 이것을 감지하는 것이다. 기울기를 감지하는 가속도센서는 중립제어나 내비게이션 시스템 등에 사용된다.

중립 제어는 차량이 정지된 아이들링 상태에 있을 때, 변속기의 클러치를 끊은 상태로 함으로써, 엔진 부하를 줄여 연비를 향상시키는 시스템이다. 가속도센서는 경사로에 정지해 있는지 아닌지를 판정할 때 사용되며, 경사로에서는 클러치 끊음을 금지한다. 내비게이션 시스템은 고가도로를 오르고 내려갈 때 판정이나 입체주차장의 출입 또는 바닥 이동을 판정하는데 가속도센서가 사용된다. 그 외에도 도난방지 보완 시스템에서 진동이나 기울기를 감지하기 위해서 가속도센서가 사용되기도 한다.

이상 언급한 차량용 가속도센서의 용도를 고G센서와 저G센서 2가지로 구분해서 정리한 것이 표 4-15이다.

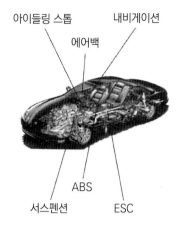

아이들링 스톱　내비게이션
에어백

ABS
서스펜션　ESC

시스템		검출
에어백 시스템(고G)	전방 에어백	충격 가속도
	측면 에어백	
	커튼 에어백	
차량제어 시스템(저G)	ABS	감속도
	ESC	횡가속도
	서스펜션	상하가속도
	중립제어	경사각도
	내비게이션	경사각도

그림 4-53 차량용 가속도센서의 용도

(3) 가속도센서의 요구사양

표 4-15는 가속도센서에 요구되는 사양을 용도별로 정리한 것이다. 가속도센서는 차량실내에 탑재되는 것이 많아서 사용온도범위가 대개 -40~85℃ 내지 -30~85℃이다. 그러나 전방센서는 엔진룸 안에 탑재되기 때문에 사용온도범위가 120℃나 된다. 정확도로는 에어백용이 대략 ±8% 정도이지만, 차량제어용은 ±5% 정도의 정확도가 요구된다.

표 4-15 차량용 가속도센서의 사양 예

용도		검출가속도	감도정확도	사용온도범위
에어백용	전방	100~200G	±8%	−40~120℃
	측면충돌	150G	±8%	−40~85℃
	전면충돌	50~100G	±8%	−40~85℃
	세이핑	20~30G	±8%	−40~85℃
	롤오버	5G	±9%	−40~85℃
ESC용		1.5G	±4.5%	−30~85℃
ABS용		1.5G	±5%	−30~85℃
서스펜션용		1.33G	±15%	−30~85℃
기울기 센서		1.5G	±4.5%	−30~85℃

2) 가속도센서의 방식

차량용 가속도센서 방식은 크게 기계방식과 압전(壓電) 방식, 반도체 방식 3가지로 이다. 어떤 방식이든 검출원리는 뉴튼의 운동방정식 즉,

$F = m \cdot \alpha (F : 물체에 작용하는 힘, m : 물체의 질량, \alpha : 가속도)$

를 이용한다. 센서에 구비된 추(질량m)에 가속도(α)가 작용함으로써 추에 관성력(F)이 생기고, 그 관성력에 의해 변위 또는 변형을 계측하는 것이다.

① 기계 방식 가속도센서

기계식 센서는 추가 변위하는 형태로, 추가 직접적으로 움직이는 형식이나 편심 웨이트를 가진 로터가 회전하는 형식 등이 있다. 또 그 변위를 계측하는 방식으로는 추 자체의 움직임으로 접점을 개폐하는 스위치 방식이 일반적이지만, 정량적 가속도를 계측할 수 있도록 추에 자성체를 붙여, 그 자성체의 변위를 차동 트랜스의 전자적 결합 변화로 계측하는 방식이나 추의 움직임으로 포토인터럽터(Photo interrupter)의 광로(光路)를 개폐해 검출하는 방식도 사용된다.

② 압전 방식 가속도센서

반도체 방식의 가속도센서는 압력센서와 마찬가지로 피에조저항 방식과 정전용량 방식이 있다. 피에조저항 방식과 정전용량 방식은 구조나 형상에는 차이가 있지만, 어느 쪽이든 실리콘기판을 에칭 가공해 추가 되는 부분과 떠받치는 부분이 형성된다. 피에조저항 방식과 정전용량 방식의 구조나 검출원리는 3-3항과 3-4항에서 자세히 알 수 있고, 아래와 같다.

피에조저항 방식은 추 부분에 관성력이 작용하면 그것을 떠받치는 지지대가 휘면서 변형이 발생한다. 지지대 부분에는 브리지 접속된 게이지저항이 배치되어 있다. 지지대에 발생한 변형으로 게이지저항의 저항값이 피에조저항 효과로 인해 변화해, 압력센서처럼 저항값의 변화를 브리지 사이의 전압차로 검출한다.

피에조저항 방식은 추에 관성력이 작용하면 그것을 떠받치는 지지대가 변형되어 스프링 역할을 한다. 추에는 지지대의 탄력과 추에 작용하는 관성력이 대등한 시점까지 변위한다. 그 변위량은 추 쪽에 설치된 전극(가동전극)과 고정된 실리콘기판 쪽에 설치된 전극(고정전극) 사이의 정전용량 변화로 검출한다.

(1) 가속도센서 방식의 변천

차량 메이커마다 에어백 시스템을 본격적으로 실용화하기 시작한 1980년대는 기계식 가속도센서가 대부분이었다. 기계식 센서는 전기잡음에 강하고, 특히 외부 전기파에 의한 오작동이 거의 없다는 장점이 있다. 1990년대 초기에는 반도체 방식 센서가 보급되기 시작하고 세이핑 센서나 전방 센서에 많이 사용되었다. 그러나 90년대 후기에는 성능과 가격, 크기 측면에서 뛰어날 뿐만 아니라 신뢰성에서도 뛰어난 압전 방식이나 반도체 방식으로 거의 대체되었다.

압전 방식과 반도체 방식의 피에조저항 방식, 정전용량 방식에는 각각 표 4-16과 같은 특징이 있다. 그림 4-54은 다양한 형태의 방식별 사용비율의 추이를 나타낸 것이다. 압전 방식은 비교적 감도가 높고, 구조적으로 충격에 내구성이 뛰어나다는 장점이 있다. 주파수의 응답 대역이 넓고, 고주파수 측정이 용이하기 때문에 진동센서나 충격센서로 널리 이용되고 있다. 에어백용 가속도센서로 전면충돌 센서나 측면충돌 센서 등과 같이 다양한 용도로 사용되며, 90년대 후반 무렵 반도체 방식과 시장을 양분할 정도였다. 하지만 가격 경쟁력과 소형화로 반도체 방식의 진화 속도를 따라가지 못했다. 그림 4-54에서와 같이 2000년대에 서부터 압전방식보다는 방도체 방식이 주를 이루고 있다.

표 4-16 가속도센서의 방식별 특징

항목 / 방식	용량방식	피에조방식	압전방식
감도	중간	약하다	강하다
주파수대역	좁다(저주파용)	중간	넓다(고주파용)
DC측정	가능	가능	불가능
온도특성	낮다	높다	중간
충격강도	크다	작다	중간
자기진단	쉽다	어렵다	약간 쉽다
신호처리 회로규모	크다	중가	작다

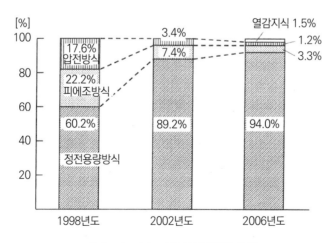

그림 4-54 가속도센서의 방식별 추이

반도체 방식의 가속도센서는 피에조저항 방식과 정전용량 방식이 있다.

1989년에 차량용으로 처음 실용화된 반도체 방식의 가속도센서는 피에조저항 방식의 가속도센서였다. 피에조저항 방식 가속도센서는 과거 피에조 저항 방식의 압력센서의 기술을 최대한 활용한 것이다. 정전용량 방식 가속도센서가 실용화되었는데, 정전용량 방식은 표 4-16와 같이 피에조저항 방식보다 충격강도가 강하다는 점, 자기진단이 쉽다는 특징을 갖고 있다.

가속도센서에서 자기진단이란, 센서의 추 부분에 힘이 작용했을 때 거기에 해당하는 신호가 정상적으로 출력되는지를 진단하는 것이다. 자기진단은 엔진시동이 상태에서 차량이 움직이기 시작하기 전까지 이루어지는 것이 바람직 하지만, 전후방향의 G나 횡방향 G를 검출하는 가속도센서는 차가 움직이지 않는한 관성력이 전달되지 않기 때문에, 다른 방법으로 추 부분에 힘을 줄 필요가 있다. 정전용량 방식은 가동전극과 고정전극 사이에 전압을 인가하면 추 부분에 정전인력을 줄 수 있어 자기진단을 비교적 쉽게 할 수 있다. 이런 장점 때문에 그림 4-54에서도 알 수 있듯이 차량용 가속도센서의 주류는 정전용량 방식으로 바뀌었다.

(2) 반도체 방식 가속도센서의 진화

피에조저항 방식에서 정전용량 방식으로 바뀐 자동차용 반도체 방식의 가속도센서는 성능과 크기, 가격 등 모든 면에서 매우 빠른 진화를 했다. 우선 반도체 방식 가속도센서의 소형화에 대해 살펴보겠다. 1989년에 차량용으로 처음 실용화된 피에조저항 방식의 가속도센서는 그림 4-55과 같은 구조였다. 세라믹 회로기판 위에 센싱 부분과 증폭회로를 갖춘 칩을 탑재한 다음, 기판을 밀봉 실링 캔에 패키징한 것으로, 캔 안에는 덤핑용 오일이 충전된다.

덤핑 오일은 센서에 강한 충격이 걸리면 추 부분이 크게 변위해 지지대 부분이 구부러지는 것을 방지하기 위한 것이다. 그림 4-56는 가장 초기 형태에서부터 소형화되는 과정을 나타낸 것이다. 10여년 사이에 센싱 칩은 피에조저항 방식에서 정전용량 방식으로 옮겨갔고, 센서 패키징은 캔 패키지에서 세라믹 패키지로 바뀌었다. 따라서 센서 크기는 체적비의 약 250분의 1로 작아졌다. 또한 센서 가격도 저렴해졌다.

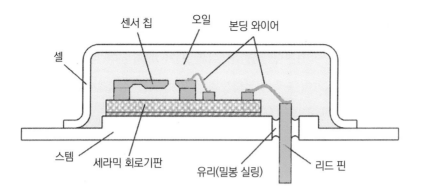

그림 4-55 초기 피에조저항 방식 가속도센서 구조

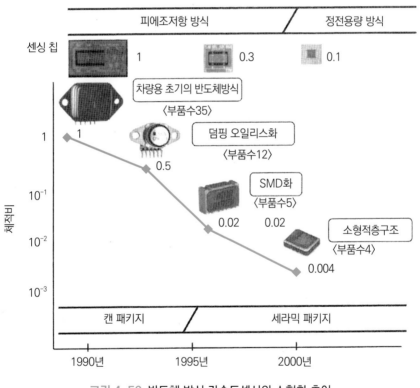

그림 4-56 반도체 방식 가속도센서의 소형화 추이

이런 반도체 방식 가속도센서의 급격한 진화는 자동차 안전제어 시스템의 진화를 가져왔고, 그와 동시에 센서의 소재와 속도, 소형화의 진화도 동시에 이루어낸 결과라 할 수 있다.

반도체 방식 가속도센서의 새로운 방식으로 열감지 방식이 있다. 그림 4-57은 센싱 칩의 구조를 나타낸 것이다. 실리콘의 마이크로 머시닝가공 기술을 통해 박막구조를 형성한 다음, 그 박막 위 중앙에 히터(예를 들면 다결정 실리콘 저항), 주변에 온도감지 소자(예를 들면 AI와 다결정 실리콘에 의한 서머파일)가 배치된다. 온도감지 소자는 X축 및 Y축의 대칭 위치에 배치되어 X축과 Y축 2축의 가속도를 검출할 수 있다. 히터와 온도감지 소자 사이는 박막이 파여 열적으로 높은 절연성을 갖는다.

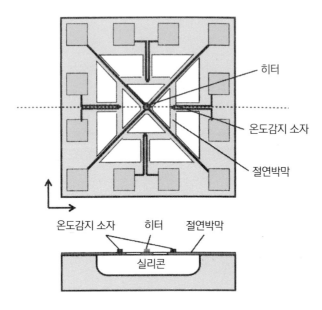

그림 4-57 **열감지 방식 가속도센서 칩**

그림 4-58는 가속도의 검출원리를 나타낸 것이다. 캡으로 밀봉된 센서 칩 안의 공간은 중앙부분이 히터로 가열되어 있기 때문에, 그림 속의 실선으로 표시된 것처럼 대칭적인 온도분포를 보인다. 여기에 가속도가 인가되면 공기에 관성력이 작용해 이동하기 때문에, 온도분포의 대칭성이 그림 속 점선처럼 무너지면서 그 온도변화를 주위에 배치된 온도감지 소자에서 검출하는 것이다.

이 방식의 특징은 가속도로 변위하는 것이 공기이고, 기계적인 가동부분이 없는 구조이기 때문에 충격에 대한 내구성이 뛰어나다. 반면에 공기의 점성이나 열전달 시간의 영향은 상대적으로 응답성이 느려지고 또 히터의 소비전류가 크다는 점이 문제점이다. 차량에서는 주로 롤오버(차체의 횡 전복) 검출용으로 사용되기 시작했다.

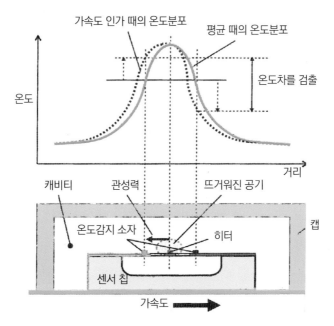

그림 4-58 열감지 방식의 가속도 검출원리

3) 피에조저항 방식의 가속도센서

(1) 센서의 구조와 가속도 검출원리

그림 4-59는 피에조저항 방식 가속도센서의 한 가지 예를 나타낸 것이다. 센서 실리콘 칩 중앙에 추가 되는 부분이 있고, 그 추를 지지하는 4개의 얇은 지지대가 주변 프레임에 연결되어 있다. 추와 프레임 사이는 지지대 부분을 빼고는 모두 파여 있다. 4개의 지지대에는 각각 게이지저항이 하나씩 배치되어 있다. 그 가운데 대각 위치에 있는 2개가 그림 속에서 보듯이 추 쪽으로 배치되어 있고, 다른 대각선을 이루는 나머지 2개는 프레임 쪽으로 배치되어 있다.

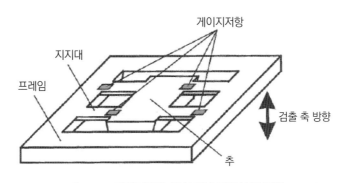

그림 4-59 피에조저항 방식 가속도센서의 구조

가속도센서는 가속도를 검출하는 축은 센서면에 대해 수직방향을 하고 있다. 그림 4-60 (a)의 단면도에서와 같이, 센서의 수직방향 위쪽으로 가속도 α를 가하면, 추 부분은 아랫방향으로 관성력이 작용한다. 관성력 F는 추 부분의 질량을 m으로 하면 F=m · α가 된다. 관성력으로 추는 아랫방향으로 변위하면서 지지대가 휘고, 지지대에 의한 탄력힘과 균형을 이룬다. 이때 지지대 표면의 추 쪽으로는 압축응력이 발생하고 프레임 쪽으로는 인장응력이 발생한다. 이 응력에 의해 추 쪽에 배치된 게이지 저항은 압축응력으로 저항값이 감소하고, 프레임 쪽에 배치된 게이지 저항은 인장응력으로 저항값이 증가한다. 저항값의 변화율은 발생한 응력에 비례하며, 응력은 관성력 즉, 가속도에 비례해 변화한다. 따라서 압력센서와 마찬가지로 4개의 게이지 저항은 그림 4-60 (b)와 같이 브릿지 접속하여 가속도에 비례해 출력전압이 브릿지 사이의 전압차로 얻을 수 있다.

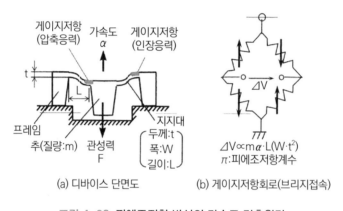

그림 4-60 **피에조저항 방식의 가속도 검출원리**

지지대에 발생하는 응력은 지지대의 형상 팩터에 의해 변한다. 지지대의 두께를 t, 폭을 W, 길이를 L이라고 하면, 추 부분과의 치수관계도 영향을 받는다. 발생응력 α와는 다음과 같은 관계를 갖는다.

$\sigma \propto m\alpha \cdot L/(W \cdot t^2)$

따라서 브리지 사이의 전압차 $\varDelta$V는 피에조저항계를 π로 하면

$\varDelta V \propto \pi\alpha \propto \pi m\alpha \cdot L/(W \cdot t^2)$이 된다.

즉, 가속도에 대한 감도는 지지대의 두께를 얇게, 폭을 가늘게, 길이를 길게 할수록 높아진다. 하지만 모든 가속도센서가 지지대 강도를 약하게 하는 동시에 다른 축의 감도가 높아지기 때문에, 적절한 지지대의 형상설계가 필요하다. 다른 축 감도라는 것은 검출 축 이외 방향의 가속도에 대한 감도로, 센서에서는 센서면과 평행한 방향의 가속도에 대한

감도가 된다. 즉 지지대가 얇고, 가늘고, 길수록 센서면과 평행한 방향의 가속도에 대해서도 지지대가 쉽게 휘기 때문에 그 응력으로 인해 출력이 발생하게 되는 것이다. 특히 지지대의 두께는 가속도 감도나 지지대 강도에 대한 영향이 크기 때문에, 센서의 제조공정에 있어서도 정밀한 제어가 필요하다.

(2) 센서의 제조기술

피에조저항 방식 가속도센서 디바이스의 제조공정 흐름을 나타낸 것이 그림 4-61이다. 이 제조공정은 통상의 IC프로세스를 이용해 표면에 게이지저항과 전극, 보호막을 형성하고, 표면에서의 이방성 에칭을 이용해 다이어그램 부분을 형성한다는 점에서는 압력센서와 똑같다.

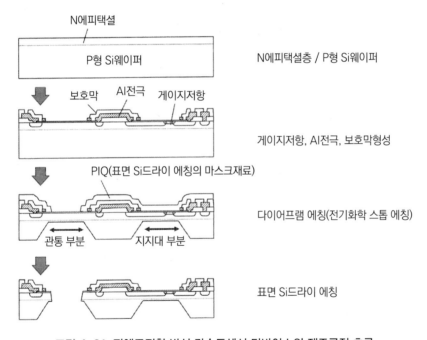

그림 4-61 피에조저항 방식 가속도센서 디바이스의 제조공정 흐름

압력센서와 다른 점은 중앙에 추를 형성하기 때문에, 표면에서 다이어그램 에칭을 링 형상으로 한다는 점과 추와 프레임 사이의 다이어그램 부분에 뒷면에서도 실리콘을 에칭한다는 점이다. 표면에서의 실리콘 에칭은 PIQ를 마스크 재료로 치수의 정확도가 좋은 드라이 에칭하여 지지대 폭과 길이를 정확하게 얻을 수 있다. 또 지지대 두께가 $5{\sim}7\mu m$으로 매우 얇을 뿐만 아니라 정밀하게 제어할 필요가 있기 때문에, 다이어그램 에칭에 전

기화학 스톱 에칭이라고 불리는 방법을 이용한다.

전기화학 스톱 에칭은 실리콘 웨이퍼에 정전압을 인가했을 때 에칭 속도가 크게 떨어지는 현상을 이용한 것이다. 그림 4-62에서와 같이 실리콘에 대한 인가전압이 약 0.5V를 넘으면 에칭액 KOH에 의한 에칭속도는 100분의 1 이하로 떨어진다. 정전압이 인가되기 때문에 양극산화의 원리로 실리콘 웨이퍼 표면에 산화막이 형성하고, 실리콘 산화막 KOH에 의한 에칭속도가 실리콘의 100분의 1 이하로 한다.

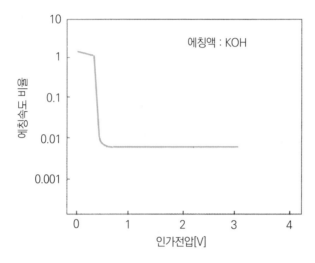

그림 4-62 인가전압에 의한 에칭속도 변화

그림 4-63는 이런 특성을 이용한 전기화학 스톱 에칭에 대한 개요이다. 실리콘 웨이퍼에는 P형 웨이퍼를 바탕으로 N형 에피택셜층을 형성한 웨이퍼를 사용한다. 웨이퍼의 N형 쪽에 몇 V의 정전압(Vn)을 인가하여 에칭을 한다. 이때 웨이퍼의 PN접합부분에는 역(逆) 바이어스가 걸리기 때문에 P형 쪽 전위가 에칭액과 똑같이 거의 0V로, KOH 에칭액에 의한 이방성 에칭이 진행된다. P형 분의 에칭이 진행되어 PN접합 부근에 도달하면, 에칭 면이 에칭액에 대해 정전위(正電位)가 되어 양극산화반응이 시작된다. 이로 인해 에칭 면에 실리콘 산화막이 형성되기 때문에 에칭 속도가 크게 떨어져 에칭이 거의 정지하게 된다. 실리콘의 얇은 막은 N형 에피택셜층의 두께와 역 바이어스에 의해 P형 쪽으로 뻗는 공핍층 두께와의 합이 되기 때문에, 그 두께의 편차는 N형 에피택셜층의 형성은 센서의 정밀도가 된다. 이때 편차를 ±1μm 이하로 만들 수 있다.

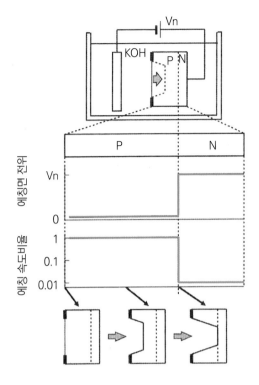

그림 4-63 전기화학 스톱 에칭의 개요

에칭과정의 마지막은 실리콘 웨이퍼와 에칭액 사이에 흐르는 전류변화를 감시함으로써 쉽게 파악할 수 있다. 그림 4-64에서와 같이, P형 부분을 에칭할 때는 PN접합부분에 역 바이어스가 걸리기 때문에 전류는 거의 흐르지 않는다. PN접합 근방까지 에칭이 진행되어 P형 쪽으로 뻗어나가는 공핍층에 도달하면 N형 쪽과 에칭 면에 도통(導通)하기 때문에 전류가 급격히 흐르기 시작해 에칭 면의 양극산화가 시작된다. 양극산화에 의한 산화막 생성과 그 산화막의 매우 느린 에칭이 평형상태에 도달하면 전류는 다시 일정해진다.

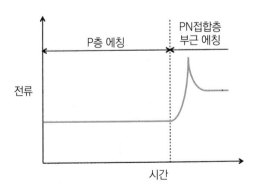

그림 4-64 전기화학 스톱 에칭 때의 전류 움직임

한편 전기화학 스톱 에칭은 압력센서의 다이어그램 에칭에서도 사용된다. 특히 탱크내부 압력센서 등과 같은 저압센서에서는 다이어그램 두께가 10몇μm 정도로 얇아, 그 두께의 편차를 높은 정밀도로 제어할 필요가 있기 때문에 전기화학 스톱 에칭이 적용한다.

4) 정전용량식 가속도센서

정전용량 방식 가속도센서에는 벌크용량 방식이라 불리는 타입과 서피스용량 방식으로 불리는 타입의 두가지 센서가 있다. 벌크용량 방식 센서는 그림 4-65과 같은 구조를 하고 있다. 중앙의 추를 얇게 가공한 지지대로 떠받친다는 점에서는 피에조저항 방식과 유사한 부분이 있다. 가속도 검출 축도 피에조저항 방식과 똑같이 면에 대해 수직방향이다. 가동부분을 위아래 양쪽에서 실리콘을 사이에 두고, 가속도에 의한 추의 변위를 추의 가동전극과 위아래 실리콘의 고정전극 사이의 정전용량 변화로 검출한다.

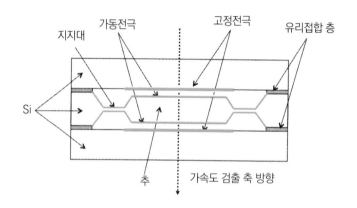

그림 4-65 벌크용량 방식 센서의 구조

벌크용량 방식 센서는 위아래가 대칭 구조이기 때문에, 온도변화에 따른 구조체의 변형에 따라 오차가 작고 높은 정확도를 쉽게 얻을 수 있다는 장점이 있다. 그러므로 벌크용량 방식 가속도센서는 차량제어용 저G센서 분야에서 많이 이용되고 있지만 양산성과 더 나아가서는 가격 측면에서 서피스용량 방식 쪽이 뛰어나기 때문에, 가속도센서 전체로 보면 서피스용량 방식 쪽이 많이 이용되고 있다. 다음은 정전용량 방식의 기술을 이용한 서피스용량 방식에 대해서 살펴보겠다.

(1) 서피스 용량 방식의 구조

그림 4-66는 서피스용량 방식 센서의 구조를 나타낸 것이다. 실리콘 지지기판 위로 소

자가 형성되는 똑같은 실리콘형성 기판이 실리콘 산화막을 매개로 접합된다. 지지기판의 두께는 약 $400\mu m$, 산화막 두께는 약 $2\mu m$, 소자형성 부분은 $20\mu m$ 정도의 두께이다. 이 소자형성 기판에 만들어진 가동부분은 중앙에 추로 되는 부분이 있고, 그 추의 양쪽으로 전극이 형성되는데, 이것이 추와 하나가 되어 움직이는 가동전극이 된다. 가동전극과 상대해 약 $3\mu m$ 간격으로 똑같이 고정전극이 주변 구정부분에서 뻗어 나온다. 가동부분 양쪽은 스프링 역할을 하는 지지대에 의해 지지 받는데, 그 지지대가 앵커 부분에서 실리콘 산화막을 매개로 지지기판에 고정된다. 추와 지지대 및 가동전극과 고정전극의 하부 영역은 접합용 실리콘 산화막이 제거되어 지지기판에서 약 $2\mu m$의 간격으로 뜬 상태를 하고 있다. 이 구조는 그림에서처럼 가속도검출 방향으로 가속도가 가하면 가동부분이 변위해 가동전극과 고정전극 사이의 정전용량 변화로 가속도를 검출하는 것이다.

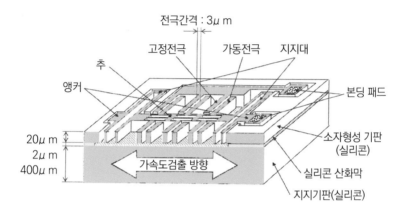

그림 4-66 서피스용량 방식 센서의 구조

(2) 서피스용량 방식의 센서 제조기술

서피스용량 방식의 센서는 2가지의 특별한 제조공정과 가공기술을 사용하여 생산한다.

한 가지는 높은 애스펙트(Aspect)비율(깊이/폭)로 실리콘에 홈을 파는 수직 트렌치 에칭이고, 또 한 가지는 희생층 에칭이다. 희생층 에칭이란 성막(成膜)의 반복이나 접합에 의해 적층구조를 형성한 다음, 하층부분을 에칭에서 제외함으로써 상층 구조체의 아래를 중공으로 하는 가공기술로, 가동체를 형성하거나 열 절연성이 좋은 박막구조 등을 형성할 수 있다. 그림 4-67은 희생층 에칭을 나타낸 것이다. 에칭에서 제거되는 하층부를 희생층이라고 부른다. 희생층을 에칭하기 전에 구조체가 되는 상층부를 포토에칭 등을 통해 미리 다양한 형태로 가공할 수 있기 때문에, 복잡한 형상의 가동체나 박막구조를 비교적 쉽게 형성할 수 있다.

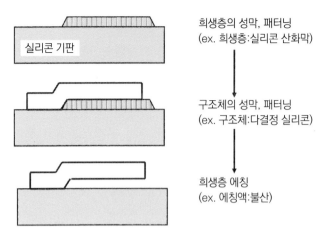

희생층의 성막, 패터닝
(ex. 희생층:실리콘 산화막)

구조체의 성막, 패터닝
(ex. 구조체:다결정 실리콘)

희생층 에칭
(ex. 에칭액:불산)

그림 4-67 희생층 에칭

그림 4-68는 서피스용량 방식 가속도센서의 제조공정 흐름도이다. 원재료 웨이퍼는 SOI(Silicon On Insulator)로 불리는 웨이퍼로서, 단결정 실리콘 웨이퍼끼리 실리콘 산화막을 매개로 서로 붙이고, 산화막을 형성한 실리콘기판 상에 다결정 실리콘을 에피택셜 성장시킨 웨이퍼가 사용된다. 지지기판인 하부의 실리콘기판 두께는 웨이퍼 구경에 따라 다르지만 $400 \sim 600 \mu m$이고, 매립 산화막은 $2 \mu m$, 센서소자가 형성되는 상부 실리콘은 $15 \sim 25 \mu m$ 두께의 것이 많이 사용된다.

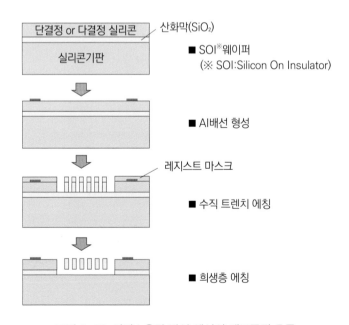

단결정 or 다결정 실리콘　산화막(SiO_2)
실리콘기판

■ SOI※웨이퍼
(※ SOI:Silicon On Insulator)

■ Al배선 형성

레지스트 마스크

■ 수직 트렌치 에칭

■ 희생층 에칭

그림 4-68 서피스용량 방식 센서의 제고공정 흐름

SOI 웨이퍼에 배선이 되는 전극을 형성한 후, 메인이나 전극, 지지대 등을 형성하기 때문에 수직 트렌치 에칭을 한다. 수직 트렌치 에칭은 ICP(Inductively Coupled Plasma)로 불리는 방식의 드라이 에칭 장치를 이용하여, 에칭을 통한 홈파기와 홈 측벽의 보호막 형성을 몇 초 단위씩 교대로 전환하는 방법이다. 이 방법은 DRIE(Deep Reactive Ion Etching)이라고도 하는데, 폭이 2~3μm, 깊이 15~25μm의 고 애스펙트 비율의 홈을 형성할 수 있다.

그림 4-69는 그 개요를 나타낸 것이다. 에칭을 실시할 때는 에칭 가스를 플라즈마로 이온화한 다음, 전계인가(電界印加)를 통해 에칭 이온을 웨이퍼에 대해 수직으로 끌어들여 깊이 방향으로 에칭한다. 에칭은 바닥 부분에서의 에칭 이온 반사로 인해 횡(측벽) 방향으로 어느 정도 에칭이 진행되지만, 단시간에 에칭을 끝냄으로써 약간의 양에 그친다. 그 후 보호막 형성용 가스로 전환해 측벽에 보호막을 형성한다. 보호막은 홈의 측면만 아니라 바닥 부분에도 막이 형성되지만, 에칭 때는 이온이 수직으로 들어오기 때문에 홈 바닥 부분에 형성된 보호막이 먼저 제거되고 깊이 방향으로 에칭이 진행된다. 이 두 단계를 미세하게 반복함으로써 횡 방향으로의 에칭이 최소한으로 억제되어 수직으로 에칭을 할 수 있는 것이다. 수직 트렌치 에칭의 단면 SEM은 그림 4-70의 (a)이고, 그것을 가공한 예로 전극부분 SEM은 사진 (b)이다.

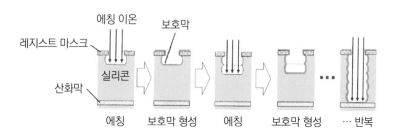

그림 4-69 수직 트렌치 에칭의 개요

(a) 단면사진 (b) 전극부분

그림 4-70 수직 트렌치 에칭에 의한 구조체

수직 트렌치 에칭에서 애스펙트 비율이 높은 가공이 가능할수록 센서의 초기용량을 크게 할 수 있어 센서 감도를 높일 수 있다. 그러므로 애스펙트 비율 향상을 목표로 많은 개발이 이루어지고 있다. 그림 4-71은 센서의 감도를 높일 수 있는 사례를 나타낸 것이다. 기존의 DRIE 과정 중간에 O_2플라즈마 조사를 통한 SiO_2막을 형성하는 과정을 삽입함으로써, DRIE에 의한 에칭과 SiO_2 보호막 형성을 반복하는 것이다. 측 벽면 상에는 DRIE 공정에 의한 보호막 외에 SiO_2 막에 의한 보호가 강화되기 때문에, 에칭의 이방성이 좋아져 50 가까이 애스펙트비율을 달성할 수 있다. 그 트렌치 에칭의 단면사진을 기존의 DRIE와 비교한 것이 그림 4-72이다.

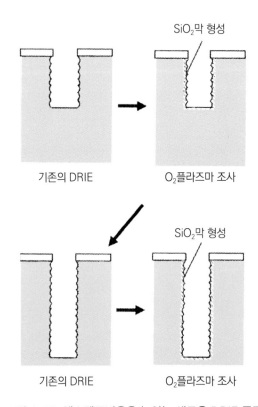

그림 4-71 애스펙트비율을 높이는 새로운 DRIE 공정

수직 트렌치 에칭에서 매립 산화막까지 도달하는 홈을 형성한 다음에는, 그림 4-73와 같이 불산가스로 매립 산화막을 에칭해 가동부분이 되는 추나 전극, 지지대 등과 같은 구조체를 지지기판에서 떼어낸다. 이때 매립산화막이 희생층이 되는 것이다. 희생층 에칭에 있어서 가장 유의해야 할 것은 구조체끼리 들러붙는 현상(Sticking)이다. 구조체들의 간격은 불과 몇 μm에 불과한 좁은 틈새밖에 없기 때문에 이 사이에 소량의 물기만 존재

	종래 DRIE	새 DRIE
단면사진	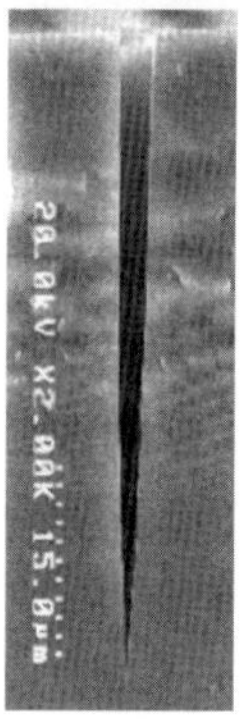 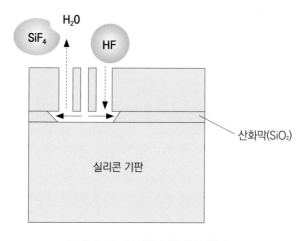	
깊이	51.2μm	50.6μm
폭	2.21μm	1.10μm
애스펙트비율	23	46

그림 4-72 새 DRIE에 의한 에칭 단면

그림 4-73 불산가스에 의한 릴리스

하더라도 쉽게 늘러 붙는다. 때문에 릴리스 과정에 있어서는 에칭 과정에서 발생하는 수증기가 구조체 사이의 틈새에서 물기가 발생하지 않도록 온도 관리나 다양한 개선이 필요하다.

(3) 서피스 용량 방식의 회로

그림 4-74은 서피스용량 방식 가속도센서의 신호처리 회로를 블록 나타낸 것이다. 가속도에 의한 센서의 용량변화는 먼저 C-V변환회로 부분에서 전압신호로 바뀐다. 전압신

호로부터 필요한 주파수대 신호(대략 1kHz 이하)만 얻기 위해서 로우 패스 필터(Low Pass Filter) 회로를 통해 얻어진 전압데이터를 앰프회로로 증폭하여 데이터를 출력한다. 그 외에 센서 와 회로의 작동을 진단해 내부고장 유무를 판단하기 위한 자기진단 기능을 내장하고 있다. 또 EPROM에는 센서출력의 감도와 옵셋, 자기진단 데이터 및 LPF의 컷오프 주파수를 조정하는 데이터가 들어있다. 이 중에 C-V변환회로와 자기진단에 대해 살펴보겠다.

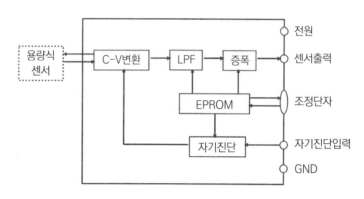

그림 4-74 용량방식 가속도센서의 신호처리 회로 블록도

① C-V변환회로

3-4항에서 살펴봤듯이, 센서의 가동전극과 고정전극 사이에서 형성되는 용량이 차동대(差動對)을 이루고, 그 용량차이를 가속도에 비례해 얻을 수 있다. C-V변환회로에서 이 용량차이를 전압으로 변환하기는 하지만 그 용량 값은 매우 미세하다. 예를 들어 에어백용 전면충돌 센서의 경우, 가동전극과 고정전극 사이에서 형성되는 초기용량 값은 0.5 pF정도로, 가속도인가로 인한 가동전극 변위량은 nm 오더이고, 이때의 용량 변위량은 fF(펨토 패러드=10^{-15}패러드) 오더에 지나지 않는다.

반면 가동전극 및 고정전극에서 전기신호를 얻기 위해서 각 전극으로부터 각각 본딩패드까지의 배선이 있는데, 이 배선에는 센서 구조상 기생용량이 존재한다. 그리고 그 기생용량은 차동검출용량의 10배 이상의 오더가 되기도 한다. 따라서 C-V변환회로에는 기생용량의 영향을 받지 않고 차동대의 용량 차이를 검출하는 개선이 필요하다.

그런 한 예로 스위치드 커패시터라고 불리는 회로방식을 이용한 C-V변환회로가 있다. 그림 4-75은 스위치드 커패시터 방식의 C-V변환회로 모식도이다. 그림에서 가동전극과 고정전극 배선에 의해 생기는 기생용량을 편의적으로 모두 집중정수 Ce로 표시한다.

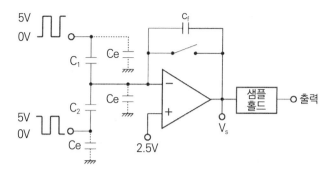

그림 4-75 스위치드 커패시터 방식의 C-V변환회로

C-V변환회로에서 고정전극1과 2에는 전압의 진폭이 0~5V에서 서로 역상인 방형파가 각각 인가된다.

방형파를 반송파1, 반송파2라고 부른다. 한편 가동전극에는 스위치드 커패시터 회로의 연산증폭기 작용에 의해 2.5V의 정전압이 인가되도록 되어 있다. 그로 인해 가동전극과 고정전극1 사이에서 형성되는 용량C_1과, 가동전극과 고정전극2 사이에서 형성되는 용량 C_2에는 반송파 위상에 의해 극성이 바뀌는지만 항상 2.5V의 전압차가 주어지게 된다. 그러므로 C_1과 C_2에는 반송파 전환 직후의 과도상태를 제외하면 기생용량 영향을 받지 않고 항상 그 용량에 비례하는 전하가 저장된다는 것을 알 수 있다.

따라서 C_1과 C_2에 축적된 전하량 차이를 검출할 수 있다면 차동대를 이루는 C_1과 C_2의 용량차이가 검출되기 때문에 가속도를 검출할 수 있다. 이때의 전하량 차이를 구하는 구조를 그림 4-76의 C-V변환회로 타이밍 차트를 따라서 살펴보겠다. 단, 센서에 가속도가 가해져 $C_1 > C_2$ 상태라는 것을 전제로 한다.

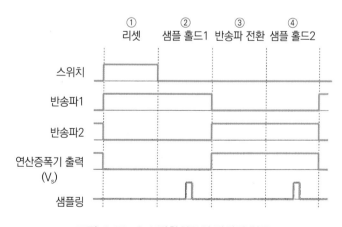

그림 4-76 C-V변환회로의 타이밍 차트

그림과 같이 타이밍 차트는 1리셋 → 2샘플 홀드 → 3반송파 전환 → 4샘플 홀드2 4
가지 상태로 나뉘고, 각각 약 10μS 간격으로 반복된다.

상태1의 리셋기간에는 **그림 4-77**에서와 같이, 스위치드 커패시터 회로의 스위치를 켜
고(ON) 귀환용량Cf의 전하를 0으로, 연산증폭기의 출력 Vs을 2.5V로 리셋 한다. 이때
고정전극1은 5V, 고정전극2는 0V의 전압이 인가되고 2.5V의 전압이 인가된 가동전극
에는 $Q_1 = 2.5(C_2 - C_1)$의 전하량이 존재한다. 전하량은 C_1이 C_2보다 크기 때문에 음의 전
하량이 된다.

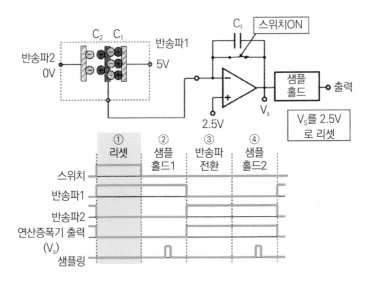

그림 4-77 C-V변환회로 ① 리셋

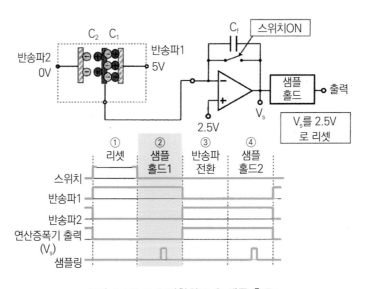

그림 4-78 C-V변환회로 ② 샘플 홀드1

상태2의 샘플 홀드1에서는 그림 4-78에서와 같이, 스위치드 커패시터 회로의 스위치를 끄고(OFF) 상태1에서 리셋된 기준상태에서의 출력전압(V_s=2.5V)을 샘플링하여 기억한다.

상태3에서는 고정전극에 인가되는 반송파 위상이 바뀌어 그림 4-79와 같이, 고정전극 1은 5V에서 0V로, 고정전극2는 0V에서 5V로 전압이 반전된다. 이때의 가동전극 전하는 방송파의 반전에 의해, Q_2=2.5(C_1-C_2)와 같은 전하량이 된다. 하지만 가동전극과 귀환용량C_f 사이는 폐회로이기 때문에, 상태1일 때의 전하량Q_1이 총합으로 보전되어야 해서 귀환용량C_f에는, Q_1-Q_2=5(C_2-C_1)의 음전하가 이동한다. 전하이동으로 인해 C_f의 연산증폭기 출력쪽 전압은 -(Q_1-Q_2)/C_f만큼 올라가게 되어 Vs=2.5+5(C_1-C_2)/C_f이 된다.

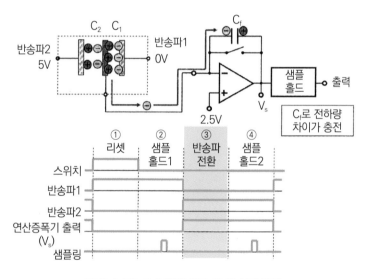

그림 4-79 C-V변환회로 ③ 반송파 전환

상태4의 샘플 홀드2에서는 그림 4-80에서와 같이, 연산증폭기의 출력이 충분히 안정된 상태에서 출력전압(Vs=2.5+5(C_1-C_2)/C_f)이 샘플링되어 기억한다. 따라서 출력전압(Vout)으로 상태4에서의 샘플링 전압과 상태2에서의 샘플링 전압 차이를 파악하면 Vout=5(C_1-C_2)/Cf가 되어, 차동대의 용량차이(C_1-C_2)에 비례해 귀환용량C_f에 반비례하는 출력을 얻을 수 있다. 또 이렇게 샘플링 전압의 차이를 파악함으로써 샘플 홀드 회로의 온도특성이나 연산증폭기의 옵셋 전압과 그 온도특성 등을 취소시킬 수 있다.

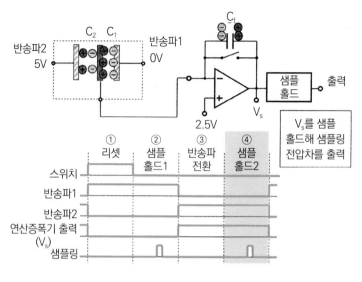

그림 4-80 C-V변환회로 ④ 샘플 홀드2

② 자기진단

자기진단의 기본은 가동전극에 평형하지 않은 전압을 인가해 정전기력으로 가동전극을 변위시킴으로써, 그때의 출력이 변위에 맞는 출력이라는 것을 확인하는 것이다. 그림 4-81은 구체적인 자기진단 회로작동을 나타낸 것이다. 앞에서 C-V변환회로에 있어서 가동전극에는, 가령 2.5V보다도 Vα만 높은 전압을 가해 반송파1은 5V로, 반송파2는

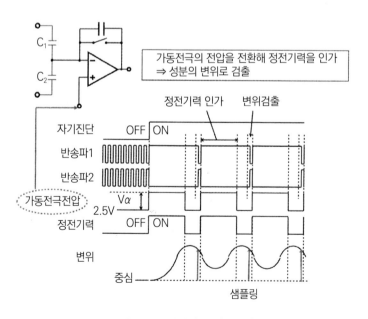

그림 4-81 자기진단 회로동작

0V로 고정한다. 이로 인해 가동전극은 고정전극2와의 전위차 쪽이 커지기 때문에 정전기력의 불평형에 의해 고정전극2 쪽으로 변위해 지지대의 탄력 힘과 균형을 이룬다. 이 정상상태에서 가동전극의 바이어스를 2.5V로 되돌려 리셋 → 샘플 홀드1 → 반송파 전환 → 샘플 홀드2 식의 일련의 C-V변환동작을 하면 정전기력에 의한 변위에 맞는 출력을 확인할 수 있다. 다만 C-V변환 때는 정전기력이 작용하지 않아 가동전극은 중립상태로 되돌아가려고 하기 때문에, 정확하게는 과도상태에서의 변위를 출력하게 되는 것이다.

5) 가속도센서의 패키징 기술

가속도센서는 에어백 ECU 등의 프린트 기판에 탑재되는 경우가 많아서 대부분이 SMD(Surface Mounted Device) 패키지형태로 공급된다. SMD 패키지는 세라믹 패키지와 에폭시수지 몰드 패키지 2종류가 있다. 그림 4-82은 이들 패키지의 외관 모습이다.

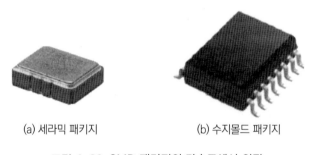

(a) 세라믹 패키지   (b) 수지몰드 패키지

그림 4-82 SMD 패키지의 가속도센서 외관

그림 4-83는 세라믹 패키지 타입 가속도센서의 구조를 나타낸 것이다. 세라믹 패키지 타입 가속도센서는 서피스용량 방식 센서와 신호처리회로가 별도의 칩으로 구성되어 있

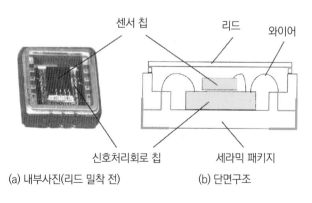

(a) 내부사진(리드 밀착 전)   (b) 단면구조

그림 4-83 세라막 패키지 타입의 구조 예

으며, 이 칩들은 세라믹 패키지 안에 겹쳐서 고정된다. 이런 칩의 구조를 스택구조라고도 한다. 센서 와 신호처리회로의 단자접속 및 신호처리회로와 세라믹 패키지 각 단자와의 접속은 와이어 본딩으로 접속되고, 마지막에 리드를 용접해 내부를 밀봉한다.

한편 그림 4-84은 수지몰드 패키지를 나타낸 것이다. 수지몰드 패키지 센서와 신호처리회로가 별도의 칩으로 구성되어 있다. 센서에는 중공구조를 형성하기 위해서 미리 실리콘 소재의 캡이 저융점 유리로 접착되어 가동부분을 밀봉한다. 실리콘 캡이 있는 센서 칩과 신호처리회로 칩은 통상적인 멀티 칩의 수지몰드 제품과 마찬가지로 리프 프레임 위에 평행하게 배치되어 다이 본드(Die Bond)된 다음, 각각의 단자가 와이어 본딩으로 접속된다. 그리고 마지막으로 수지몰드 성형이 이루어진다.

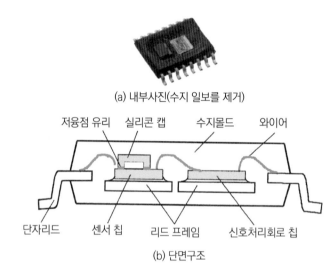

(a) 내부사진(수지 일보를 제거)

저융점 유리   실리콘 캡   수지몰드   와이어

단자리드   센서 칩   리드 프레임   신호처리회로 칩

(b) 단면구조

그림 4-84 수지몰드 패키지 타입의 구조 예

여기서 언급한 2가지 사례는 센서와 신호처리회로가 별도의 칩으로 구성된 예이고, 하나의 칩으로 집적된 것도 있다. 집적화된 칩의 장점은 제품의 소형화이지만, 그 외에도 센서와 신호처리회로 사이의 배선을 최단으로 연결할 수 있다. 또한 신호처리회로에서 배선에 따른 기생 용량, 저항성분이나 인덕턴스 성분을 포함한 기생 임피던스로 검출오차에 대한 영향을 크게 줄일 수 있다.

그러나 2칩의 가장 큰 이점은 센서의 구조 및 제조과정과 신호처리회로의 접적화 제조과정을 각각 별개로 최적화해 진행함으로써, 자유롭게 조합할 수 있다는 점이다. 서피스 용량 방식 센서의 제조과정과 집적회로 과정은 비교적 친화성이 높은 점도 있지만, 각각에 있어 최적의 구조와 제조하는 과정은 다르다. 그러므로 양쪽을 동시에 최적화하기 위해 충돌하는 일들이 발생하고, 그런 문제들을 해결하기까지는 오랜 개발기간이 필요하다.

2칩의 장점에 집적화 1칩과 동등한 소형화 장점도 가미한 것이 그림 4-83와 같은 세라믹 패키지 타입의 스택구조이다. 이것을 3차원 실장에 해당하는데, 센서에서 각각으로 최적화된 것을 그대로 살려 제품수준에서 전체적으로 최적화하는 패키징 기술의 전형적 모습이다.

지금까지 가속도센서의 대표적 2가지 타입 패키징 구조를 살펴보았다. 가속도센서의 패키징에는 공통된 몇 가지 특징적 요소와 요구 성능이 있다.

가속도 센서의 요구되는 중요한 점은 아래 5가지이다.

① 센서 디바이스의 가동부분을 밀봉하는 중공구조의 형성

② 중공구조 안이 결로되지 않는 기밀유지, 밀봉

③ 열응력에 대한 응력완화 구조

④ 외부가속도의 전달설계

⑤ 프린트 기판과의 납땜접속 수명

(1) 중공구조 만들기

가속도센서는 가동부분을 갖기 때문에 가동부분을 밀봉하는 중공구조를 필수적으로 만들어야 한다. 중공구조를 만들때 가장 주의해야 하는점은 이물질의 침입방지이다. 센서 구조체의 틈새가 $2 \sim 3 \mu$m지만, 그보다 미세한 이물질이 센서의 트러블과 결부된다. 그러므로 패키징 과정 환경은 고집적 LSI(Large-Scale Integration) 제조과정과 동등한 클린 환경이 필요하다.

2가지 타입의 패키징은 서로 상반된다고 할 수 있다. 세라믹 패키징 타입은 패키징 과정 최종단계에서 리드의 심 용접에 의해 가동부분이 밀봉되기 때문에 모든 패키징 과정에서 사용되는 재료와 주변 환경에 엄격한 청결성 관리가 필요하다.

반면 수지몰드 패키징 타입의 패키징은 센서의 웨이퍼 제조 과정에서 가동부분이 형성된 다음에 실리콘 캡이 장착된다. 이처럼 웨이퍼 상태에서 장비의 밀봉 패키징을 하는 것을 일반적으로 WLP(Wafer Level Package)라고 한다. WLP를 함으로써 리드 프레임에 대한 칩의 다이 본딩에서 시작되는 패키징 프로세스에서는 처음부터 캡이 장착된 상태의 센서 칩을 취급하기 때문에, 통상적인 수지몰드 패키지 경우와 동등한 청결성 정도만 필요하다. 또 실리콘 캡을 통한 가동부분 밀봉은 저융점 유리의 밀착대가 필요하기 때

문에 그만큼 센서의 칩 크기가 커진다는 단점이 있다.

(2) 기밀유지와 밀봉

가동부분을 밀봉한 중공구조 안에 결로가 발생해 물기가 가동전극과 고정전극 사이에 붙으면 물의 표면장력에 의해 전극끼리 쉽게 달라붙어 고착(Sticking)된다. 따라서 중공구조 내의 수증기 농도는 사용온도 범위 내에서 포화수증기 양을 초과하지 않는 범위 이하로 유지해야 한다. 그러므로 기밀유지와 밀봉으로 수증기 농도 관리와 밀봉접합 부분, 패키지 부자재의 습도투과율을 낮추는 것이 중요하다. 제품에 요구되는 수명(약 20년)을 고려하면, 패키지의 습도투과율은 10^{-19}[g/cm·s·Pa] 이하라는 수준이 필요하다. 중공구조를 형성하는 부자재나 접합재료에는 수지재료를 전혀 쓸 수 없다는 것을 의미하는 것으로, 금속재료 또는 세라믹이나 유리의 무기재료 사용이 필수이다.

그림 4-84의 수지몰드 패키지는 앞에서도 언급했듯이, 실리콘 캡을 저용점 유리로 접합해 중공부분을 형성한다. 그림 4-83의 세라믹 패키지는 중공구조의 형성 부자재로 LTCC(Low Temperature Co-fired Ceramic: 저온 소성 세라믹) 세라믹 패키지와 코바르 제품의 메탈리드의 금도금을 심 용접으로 접합한다.

심 용접이란 저항용접법의 일종으로 그림 4-85에서와 같이, 롤러 형상의 전극을 회전시켜 가압 및 통전으로 롤러의 궤적에 따라 부자재끼리 연속적으로 용접하는 방법이다. 세라믹 패키지에서도 리드를 저용점 유리로 접착하는 경우가 있는데, 유리의 용점온도가 500~600℃나 되는 고온이기 때문에 패키지 부자재의 산화 등이 우려되어 질소가스로 채워진 로 안에서 실시하는 등의 대응이 필요하다. 그에 반해 심 용접은 상온에서의 가공이기 때문에 이런 문제가 없어 생산성이 높다는 장점도 있다.

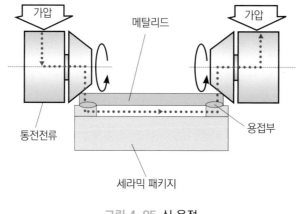

그림 4-85 심 용접

(3) 응력완화 구조

가속도센서의 온도특성은 센서 칩에 가해지는 열응력이 지배적인 요인이다. 수지몰드 패키지는 센서 칩 주변이 수지로 고정되기 때문에 열응력 영향을 크게 받는다. 그러므로 감도가 높은 저G센서는 수지몰드 패키지를 이용하는 일이 거의 없다. 반면 세라믹 패키지 같은 경우는 센서 칩을 고정하는 접착재료에 저탄성 재료를 사용함으로써 칩 아래로부터의 열응력을 완화할 수 있다.

그림 4-83와 같은 스택구조는, 센서 칩과 같은 실리콘 재료의 회로 칩 위에 접착되기 때문에 센서 칩에 대한 열응력을 애초부터 작게 제어할 수 있는 구조이다. 하지만 저G센서에서는 정확도를 확보하기 위해서 센서 칩 접착재의 저탄성화가 더 필요하다. 이것은 접착재료 자신의 열팽창에 의해 센서 칩에 열응력을 가해 센서 특성에 영향을 주기 때문이다.

접착재료의 영향에 대해 그림 4-86와 같은 스택구조 모델을 이용해 해석한 결과가 그림 4-87이다. 해석에서는 온도를 변화시켰을 때의 센서 칩 가동부와 고정부의 변위를 FEM해석을 통해 구한 다음, 그 정전용량 변화로부터 센서출력을 계산한다. 그림 4-87은 접착재료의 영률(Young's modulus)과 접착재료의 두께가 센서출력에 미치는 영향을 나타낸 것으로, 접착재료의 영률이 작을수록 또 접착재료의 두께가 얇을수록 센서출력은 영향을 받지 않는다는 사실을 알 수 있다. 이 결과는 접착재료 자신의 열팽창에 의한 응력이 센서 특성에 영향을 준다는 것을 알 수 있고, 저G센서에서는 영률이 100MPa 이하인 저탄성 실리콘 접착재료를 이용한다.

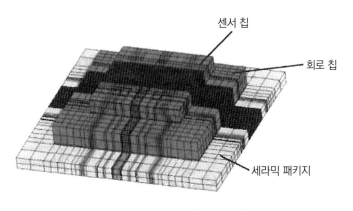

그림 4-86 스택구조 모델

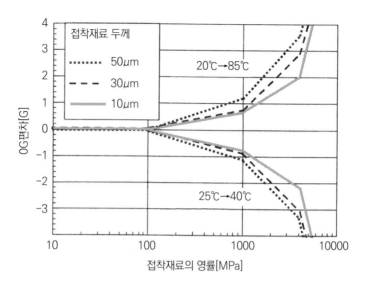

그림 4-87 센서출력에 대한 접착재료의 영향

한편 접착재료의 저탄성화는 그림 4-88에서와 같이, 가속도의 전달특성 악화로 이어진다. 그러므로 접착재료 두께까지 포함해 가속도 검출이 필요한 저주파수 쪽에서 충분한 전달특성을 얻을 수 있도록, FEM해석 등을 이용해 최적화하는 것이 필요하다.

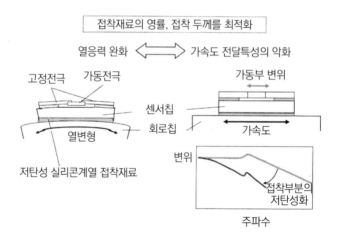

그림 4-88 센서 칩 접착의 저탄성화

접착재료에는 필름상태의 접착재료를 이용해 소정의 크기로 절단한 필름을 접착공정에 공급한다. 이것은 페이스트(Paste)상태의 접착재료를 기계로 공급하는 것보다 접착두께를 잘 제어할 수 있고, 취급도 쉽기 때문이다.

(4) 가속도 전달 설계

가속도 전달 설계는, 에어백의 전면충돌 센서와 같이 차체 → 에어백 ECU → 센서 칩 경로에서, 각각의 전달특성을 정확하게 검증할 필요가 있다. 에어백 ECU는 가속도센서로 가속도가 정확하게 전달되기 위해서는 가속도센서의 SMD패키지가 프린트 기판에 납땜된 상태에서, 패키지의 공진주파수가 검출 가속도의 주파수 성분보다 높아야 한다.

이 패키지의 공진주파수는 패키지 형태에 따라 크게 달라진다. 에어백의 경우, 차량충돌 시 검출 가속도의 주파수는 2kHz 이하이기 때문에 패키지의 공진주파수로는 10kHz 이상이 바람직하다. 세라믹 패키지처럼 리드리스라면 강성이 높아 이 점에 대해서 아무런 문제도 없지만, 수지몰드 패키지에서 리드가 있을 때는 경우에 따라서 공진주파수가 리드리스보다 10분의 1정도가 되는 경우도 있어서 리드 강성에 충분히 고려해야 한다.

(5) 납땜접속 수명

가속도센서의 프린트 기판과 납땜접속 수명은 다른 SMD 패키지 제품과도 공통적인 과제이다. 일반적으로 리드가 있는 패키지 같은 경우에 리드의 벤트효과로 인해 열응력에 따른 납땜접속 부분의 변형이 완화되지만, 리드리스 같은 경우는 이것이 없기 때문에 납땜접속 부분의 변형이 커져 수명 측면에서는 불리하다. 즉 이것은 앞서 언급한 가속도의 전달설계와는 상호보완적 관계에 있다.

리드리스 패키지에서 납땜접속 수명의 설계는 기본적으로 접속부분의 납땜 형상, 특히 납땜 두께를 적절히 설계하는 것이 가장 바람직하다. 납땜접속 부분은 열응력에 의해 생기는 반복적 변형으로 피로해지는데, 그 피로수명은 변형이 커질수록 짧아진다. 따라서 사용하는 납땜재료의 S-N곡선(반복 스트레스의 크기와 수명과의 관계) 등에서 먼저 목표 수명을 만족할 수 있도록 허용최대 변형을 정한다. 납땜접속 부분의 변형은 접속되는 부자재 사이의 열팽창 차이에 의해 생기는 전단(剪斷)방향의 변형이 주요 원인으로, 접속부분의 납땜 두께가 크게 영향을 끼치기 때문에 납땜 두께를 두껍게 하면 이 변형은 작아진다. 정량적 관계는 FEM을 통한 구조해석으로 파악할 수 있는데, 예를 들면 그림 4-89와 같다. 그림에서 허용치 이하로 변형을 낮추기 위한 최저 납땜 두께를 구할 수 있다.

납땜 두께는 SMD 패키지와 프린트 기판 각각의 납땜된 전극 형상이나 면적, 전극의 습윤, 공급 납땜양 등, 다양한 요인에 의해 좌우된다. 거기서 구조적으로 확실히 납땜 두께를 확보하는 방법으로, 예를 들면 그림 4-46과 같은 방법이 있다. SMD 패키지의 전극

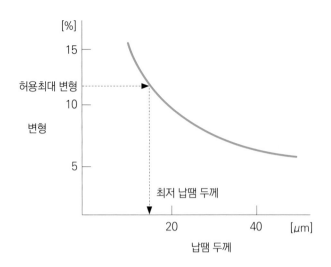

그림 4-89 납땜 두께와 변형 관계를 분석한 예

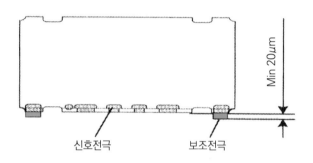

그림 4-90 납땜 두께 확보를 위한 구조 예

으로, 필요한 신호전극 외에 양 끝에 더미 전극을 설치하고 더미 전극에 전극재료를 여분으로 인쇄 또는 도금한다. 전극을 두껍게하여 신호전극보다 전극 높이를 높이는 것이다. 이렇게 하면 더미 전극을 높인 만큼 확실하게 신호전극의 납땜 두께를 확보할 수 있다.

4 회전센서

1) 회전센서의 용도

자동차에는 엔진으로부터 변속기 그리고 바퀴로 이어지는 동력시스템을 중심으로 수많은 회전 센서가 사용된다. 차량용 회전센서를 검출목적으로 정리하면 크게 다음 3가지로 나눌 수 있다.

첫 번째는 연속적으로 회전하는 회전체의 회전속도를 검출하는 것이다. 여기에는 차량속도를 검출하는 차속센서나 변속기 회전속도를 검출하는 변속기 회전센서 등이 있다.

두 번째는 연속적으로 회전하는 회전체의 1회전 가운데 기준위치에서의 회전각도 검출을 주목적으로 하는 것이다. 엔진의 크랭크 각을 검출하는 크랭크 각도 센서나 실린더 판별에 사용되는 캠 각도 센서 등이 있다.

세 번째는 회전 시점과 종점이 있어서, 그 사이를 정반대 양방향으로 자유롭게 회전하거나 정지하거나 하는 왕복회전체의 회전위치를 검출하는 것이다. 엔진의 흡입공기량을 제어하는 스로틀 밸브의 개도상태를 검출하는 스로틀 개도 센서, 스티어링 샤프트의 회전위치 및 방향을 검출하는 스티어링 센서 등이 있다.

물론 이런 목적들 가운데 한 가지만이 아니라 복수의 목적을 가진 것도 있다. 크랭크 각 센서의 예로 크랭크 각을 검출하는 동시에, 엔진 회전속도와 그 변화를 검출하는 목적에도 사용된다. 이런 차량용 회전센서들을 정리한 것이 표 4-17이다.

표 4-17 차량용 주요 회전센서

검출 주목적	센서
회전속도	• 차량속도 센서 • 바퀴속도 센서 • 변속기 회전 센서
회전각도	• 크랭크 각도 센서 • 캠 각도 센서 • 디젤 연료펌프용 회전센서
회전위치	• 스로틀 개도 센서 • 액셀러레이터 개도 센서 • 스티어링 센서 • 뒷바퀴 조향각도 센서

(1) 크랭크각 센서와 캠각 센서

크랭크각 센서와 캠각 센서는 가솔린엔진의 회전수, 피스톤의 위치, 실린더 판별 등 엔진 상태를 검출해 점화 시기나 연료분사를 제어하는데 이용한다. 가솔린엔진 제어의 기본이 되는 센서들은 그림 4-91과 같이 크랭크각 센서와 캠각 센서의 외관을 나타낸 한

크랭크각 센서   캠각 센서

그림 4-91 크랭크각 센서와 캠각 센서의 외관

가지 사례이다.

크랭크각 센서는 **그림 4-92**에서와 같이, 엔진의 크랭크샤프트에 설치된 톱니모양의 크랭크 로터에 장착한다. 크랭크 로터는 **그림 4-93**과 같이 기준위치(상사점)를 검출하기 위해 10°CA(Crank Angle:크랭크각도)마다 동일한 간격으로 설치된 톱니 가운데 톱니 2개가 없는 34개의 톱니를 갖는다. 크랭크각 센서는 로터의 꼭지점과 바닥점을 검출해 그림과 같은 직사각형파 신호를 출력한다. 신호의 펄스 간격에서 엔진 회전수를 검출할 수 있고 기준위치부터의 펄스 수를 통해 크랭크 각도, 즉 피스톤의 위치를 검출할 수 있다.

캠각 센서도 마찬가지로 **그림 4-92**와 같이, 엔진의 캠 샤프트에 설치된 캠 로터에 장착한다. 캠각 센서는 대부분, 캠 샤프트 1회전 당 1개의 펄스를 출력한다. 엔진 2회전 (720° CA)에 1펄스의 신호를 얻을 수 있는 것이다. 펄스신호는 1기통의 피스톤이 정확

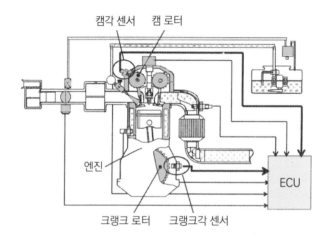

그림 4-92 크랭크각 센서와 캠각 센서의 탑재위치

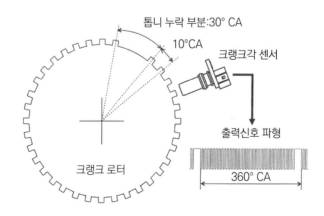

그림 4-93 크랭크각 센서의 출력신호

히 압축상사점 부근에 있을 때 출력이 되고, 이를 통해 캠각을 판별할 수 있다.

크랭크각 센서와 캠각 센서로부터 얻는 엔진 회전수, 크랭크 각도, 캠각의 판별 정보로 점화시기 및 연료분사를 제어하는데 사용한다. 크랭크각 센서는 엔진 회전수의 조그만 변동으로부터 실화(Misfire)를 검출하기 때문에 정확도 높은 회전각도 검출이 해야한다.

최근에는 배출가스 정화를 위해 시동 시 조기점화나 연비향상을 위한 아이들링 스톱 장치 와 같은 시스템 요구 때문에, 초저속 및 정지위치에 대한 각도가 요구와 회전방향 (정회전과 역회전)에 대한 검출도 필요해지고 있다.

디젤엔진 제어에서도 연료분사 펌프의 회전수, 엔진의 크랭크각 기준위치를 검출하기 위해서 회전센서가 사용된다.

(2) 변속기 회전센서

변속기 회전센서는 자동변속기(AT)와 무단변속(CVT)의 제어시스템에서 사용한다.

자동변속기 제어 시스템에서 회전센서는 통상 변속기 입력(Input)샤프트의 회전수와 출력(Output)샤프트의 회전수를 검출하기 위해서 각각 사용하지만, 중간에 클러치 드럼의 회전수를 검출하기 위해 회전센서를 더 설치하는 경우도 있다. 회전수 신호들은 변속 시작 시기 검출이나 변속충격을 완화시키기 위한 클러치 유압, 엔진 토크에 대한 피드백 제어에 이용된다.

(3) 차속센서

차속센서는 말할 것도 없이 차량의 주행속도를 검출하는 센서이지만, 신호는 스피드 미터의 차속표시에 사용될 뿐만 아니라 차량 운전상태의 기본정보로서 다양한 제어에 걸쳐 광범위하게 이용된다.

그림 4-94는 차속센서의 외관 모습이다. 차속센서는 통상 변속기의 출력(Output) 샤프트 뒷부

그림 4-94 차속센서 외관

분에 정착된다. 센서는 샤프트의 로터 회전을 검출해 신호처리회로에 의해 최종적으로는 1회전 당 4펄스의 직사각형 신호를 출력한다. 그러나 최근에는 ABS나 트랙션 컨트롤 등의 제어가 보급되어 제어에 사용되는 바퀴속도 센서가 장착되는 것이 당연시되었기 때문에, ABS의 ECU 등이 각 바퀴의 바퀴속도 센서 신호로부터 차속신호를 생성해 출력하는

경우도 많다.

(4) 바퀴속도 센서

바퀴속도 센서는 ABS나 트랙션 컨트롤 시스템에 있어서 바퀴의 슬립율을 구하는데 주로 되고 차속신호로도 이용된다. 4바퀴에 각각 장착된 바퀴속도 센서는 바퀴에 장착된 로터의 회전수를 검출한 다음, 그로부터 실제 차량속도를 추정해 차량속도와 바퀴속도로부터 각 바퀴의 슬립율을 계산한다.

ABS제어는 슬립율이 노면과의 최대 마찰계수를 얻을 수 있고, 목표 슬립율(통상 20~30% 정도)이 되도록 각 바퀴의 브레이크 유압을 제어한다. 또 견인제어에서는 슬립율로부터 차량의 출발이나 가속 정도를 추정해 적절한 구동력을 얻을 수 있도록 엔진출력 및 구동바퀴의 브레이크 유압을 제어한다.

(5) 스로틀 개폐 센서와 액셀러레이터 개폐 센서

스로틀 개폐 센서는 액셀러레이터 페달 조작과 연동되어 흡입 공기량을 조절하는 스로틀 밸브의 개폐 정도를 검출하는 센서이다. 센서는 스로틀 밸브의 회전각에 비례하는 신호를 출력하고, 스로틀 개폐상태에 맞게 연료분사량이 제어된다.

또 스로틀 밸브의 개폐를 운전자의 직접적인 액셀러레이터 조작에 의존하지 않고 모터구동으로 제어하는 방식이 있다. 배출가스 정화를 위한 공연비 정밀제어나 연비향상을 위한 린번(Lean Burn) 엔진의 공연비가 전환될 때의 토크제어를 위해 스로틀 밸브의 개폐를 더 정밀하게 조절하기 위해서이다. 전자제어 스로틀 시스템 구성을 나타낸 것이

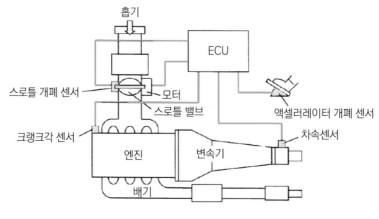

그림 4-95 전자제어 스로틀 시스템

그림 4-95이다. 시스템에서는 액셀레이터 페달에 장착된 액셀러레이터 개폐 센서에서 운전자의 페달 조작을 검출해 시스템 제어용 ECU로 신호를 보낸다. ECU는 스로틀 개폐와 다른 다양한 정보를 포함해 연산하고 결정해여 스로틀 밸브를 작동하는 모터를 제어한다. 또한 스로틀 개폐 센서의 신호는 피드백 제어에 이용된다.

(6) 스티어링 센서

스티어링 센서는 차량이 선회할 때 운전자의 핸들링 조작상태를 검출하기 위해서 스티어링 샤프트에 장착되어 샤프트와의 회전위치, 회전방향을 검출하는 센서이다. 센서 신호에서 차량의 선회방향을 감지해 ESC(차체자세제어장치) 시스템이나 서스펜션 제어의 롤링(횡 흔들림) 방지 등, 차량 자세를 안정적으로 유지하는 제어를 위해서 이용된다.

(7) 회전센서의 요구사양

회전센서는 다양한 용도 활용되지만 대부분 혹독한 환경에 노출되는 센서라고 할 수 있다. 엔진에 직접 장착되거나 변속기 그리고 바퀴에 장착되기 때문에 높은 내열성과 내진성, 내방수성, 내유성(엔진 오일이나 변속기 오일) 등, 환경 내구성이 좋아야 한다.

크랭크각 센서의 요구사양의 표 4-18와 같다. 엔진에 직접 장착되는 센서이기 때문에 폭넓은 사용온도 범위가 요구된다. 또 전원이 배터리로부터 공급되기 때문에 최대정격전압이 높고 또 전기 노이즈에 강해야 한다. 특히 센서에서의 요구되는 검출 데이터의 차이와 작동회전수가 넓은 범위 안에 있으면서도 절대각도 정확도를 ±1° 이내로 유지해야 한다.

표 4-18 크랭크각 센서의 요구사양 예

항목	사양
사용온도 범위	−40~150℃
검출 갭	0.5~1.5mm
작동회전수	0~8000rpm
절대각도 정확도	±1°
정격전압	5~16V
EMC	200V/m
ESD	±25kV

2) 회전센서 방식

차량용 회전센서에는 수많은 방식이 있지만, 크게 접촉식과 비접촉식으로 나눌 수 있다. 접촉식에서 대표적인 것은 접동저항 방식의 회전센서이다. 접동저항 방식의 센서는 회전 샤프트에 장착된 접동자와 접촉하는 원주 상에 저항체가 인식하는 회전기판으로 구성된다. 샤프트가 회전하면 접동자가 저항체 위를 이동해 접동자와 저항체 단자 사이의 저항값이 회전각에 비례해 바뀐다. 저항체에 일정한 전압을 전달하면 접동자로부터 회전각에 비례하는 분압전압을 끌어낼 수 있다. 이런 접촉식은 표 4-17과 같은 왕복회전체의 회전위치 검출에 적합하기 때문에 스로틀 개폐 센서 등에 이용되지만, 이 영역에서도 점점 비접촉식으로 바뀌어가는 추세이다.

비접촉식 회전센서에는 빛방식과 자기(磁氣)방식이 있다. 또 자기방식도 여러 가지 형태가 있지만, 주로 전자 픽업(MPU:Magnetic Pick Up)방식과 실리콘 홀 방식, 강자성체 박막의 자기저항소자(MRE:Magneto-Registance Element) 방식 3가지가 차량용 회전센서로 많이 사용된다. 비접촉식 회전센서 방식들의 특징을 표 4-19으로 비교, 정리했다.

표 4-19 비접촉식 회전센서의 특징 비교

방식	빛방식	자기방식		
		MPU	Si홀	MRE
감도	강함	회전속도에 의존	약함	중간
정지위치검출	가능	불가	어려움	가능
에지 정확도	좋음	좋음	떨어짐	좋음
신호처리회로와의 집적화	어려움	불가	뛰어남	가능
탑재성	떨어짐	좋음	좋음	좋음
환경 내구성	떨어짐(오염)	좋음	좋음	좋음

빛방식 회전센서는 그림 4-96에서와 같이, 발광소자(LED:Light Emitting Diode)와 수광소자(포토트랜지스터 또는 포토다이오드)가 대칭을 이룬 포토 인터럽터(Photo Interrupter)와 회전체 샤프트에 장착된 디스크로 구성된다. 포토 인터럽터에는 발광소자와 수광소자를 마주보게 하여 투과광(透過光)으로 물체의 유무를 검출하는 투과형, 발광소자와 수광소자를 같은 쪽에 배치해 반사광으로 물체의 유무를 검출하는 반사형이 있

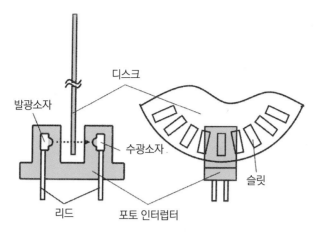

그림 4-96 빛방식의 기본구성

다. 그림에서의 형태는 투과형이다. 회전하는 디스크의 원주 상에는 같은 간격으로 슬릿(Slit)이 뚫려 있어 빛이 끊어졌다 이어졌다 하기 때문에 펄스신호를 얻을 수 있다. 빛방식은 검출 정확도가 높고 응답속도가 빠르다는 장점이 있지만, 오염에 민감하기 때문에 탑재환경에 제약이 있다는 단점있다. 그러므로 차량용 비접촉식 회전센서로는 예전부터 자기방식이 주류를 이루고 있다.

표 4-19에서 열거한 자기방식 회전센서는 모두 회전 샤프트에 장착된 로터 가까이에 설치해, 로터의 회전으로 인해 생기는 자속밀도의 변화 또는 자기 벡터의 변화 같이 어떤 자기적 변화를 검출하는 것이다. 로터는 센서 쪽에서 보면 감지대상에 해당하기 때문에 타깃 로터라고도 부른다. 차량 시스템에서 이용되는 타깃 로터로는 기어 로터와 착자(着磁) 로터가 있다.

기어 로터는, 크랭크각 센서에 대해 언급한 4-1)-(1)항의 그림 4-93과 같은 톱니 형상의 로터로서, 철 등의 자성체를 이용해 원주 상의 꼭지점과 바닥점의 형상변화를 통해 자기적 변화를 발생시킨다. 한편 자석을 부착한 로터는 로터 원주 상에 N극과 S극을 같은 간격으로 자석을 부착한 것으로, 회전에 의해 이 N극과 S극이 교대로 센서에 접근한다.

자석을 부착한 로터는 로터 자체가 자속을 발생하는 자기력을 갖기 때문에 센서 감도를 높일 수 있다는 장점이 있지만, 경제성 측면에서는 기어 로터 쪽이 더 낮다. 어떤 타입의 로터를 사용할지는 센서를 포함해 최종적으로 얻어지는 센싱 성능과 경제성의 균형을 통해 결정되지만, 대개는 기어 로터가 많이 사용된다. 다음은 MPU방식의 자기센서에서는 기어 로터를 예로 살펴보겠다.

(1) MPU방식

MPU방식 회전센서의 기본원리는 그림 4-97에서와 같이, 코일과 교차하는 자속의 시간적 변화율에 비례해 코일에 기전력이 발생한다는, 회전발전기의 발전원리와 같은 전자유도 작용을 이용한 것이다.

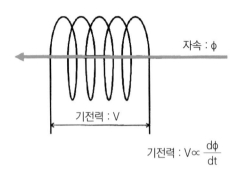

그림 4-97 MPU방식의 기본원리 -전자유도 작용-

센서는 그림 4-98에서와 같이, 자속을 발생시키는 자석과 철심에 감긴 코일로 구성되어 타깃 로터 가까이 장착한다. 로터가 회전하면 센서와 로터 사이의 에어 갭이 변화한다. 자기회로로 말한다면 에어 갭은 자기저항에 해당하는 것으로, 센서가 로터의 꼭지점 부분에 마주했을 때 최소, 바닥점에서 최대 저항값이 된다.

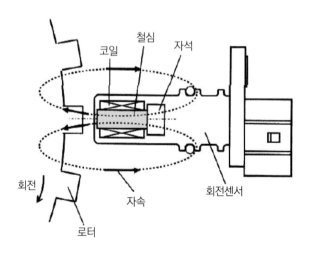

그림 4-98 MPU방식 회전센서

따라서 전기회로의 전류에 해당하는 자속은 로터의 꼭지점과 바닥점에 대응해 그림 4-99와 같이 변화한다. 이 자속변화에 따른 전자유도 작용으로 센서 코일에는 기전력이 발생하고, 이것이 센서 출력이 된다. 센서출력의 크기, 즉 감도는 자속 변화율에 비례하기 때문에 그림에서 보듯이 회전수가 낮을수록 떨어진다. 그 때문에 MPU방식에서는 검출할 수 있는 회전수에 한계가 있어서, 로터의 정지위치나 초저속 회전수를 검출하지 못한다는 기능상 커다란 제약이 있다.

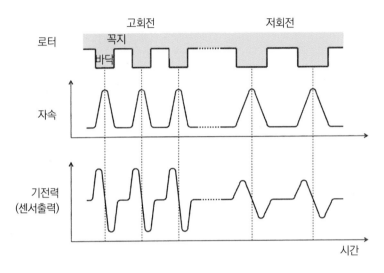

그림 4-99 MPU방식의 신호파형

(1) 홀방식

홀방식 센서는 반도체의 홀효과를 이용한 것이다. 홀효과는 기본적으로 자장(磁場) 속을 전하입자가 이동하면, 전하입자에 로렌츠힘이 작용해 전하입자 궤도가 굴절되면서 생긴다. 그 전하입자의 이동, 즉 전류와 자장 및 로렌츠힘 방향의 관계는 플레밍의 왼손 법칙과 같다.

① 홀효과

그림 4-100에서와 같이, 홀소자로 전류I_H를 흘려 전류에 대해 직각으로 자속B이 근접하면(투과), 로렌츠힘의 영향으로 인해 전류와 자속과의 직각 방향으로 전압V_H(홀전압)이 발생하는 현상을 이용한다. 미국 물리학자 에드윈 허버트 홀이 발견했다고 해서 홀효과라고 부른다.

출력되는 전압은 자속밀도에 비례해 증감한다. 또 플레밍의 왼손법칙에 따라 자계 방향(N극·S극)에 의해 전압 방향이 바뀐다. 따라서 자계의 유무(대소)뿐만 아니라 자계 방향도 감지할 수 있다.

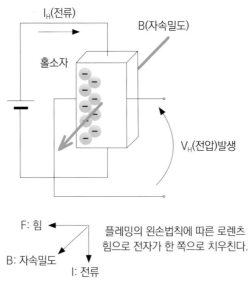

그림 4-100 홀효과

② 실리콘 홀방식 회전센서

그림 4-101은 실리콘 홀방식 회전센서의 구조를 나타낸 예이다.

센서는 자속을 발생시키는 자석과 홀IC(집적회로, Integrated Circuit)로 구성되며, 타깃 로터 가까이에 설치한다. 홀IC에는 실리콘 홀소자와 신호처리 회로가 1칩에 집적화되어 있다. 실리콘 홀소자는 감도가 그다지 강하지 않기 때문에 잡음에 발생하지 않을 정도의 홀전압을 얻기 위해서는 일반적으로 50mT(밀리테슬라) 정도의 자속밀도가 필요

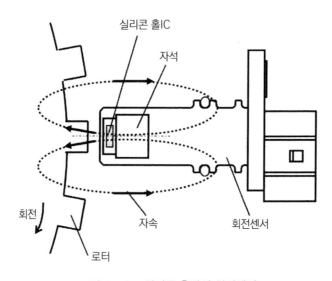

그림 4-101 실리콘 홀방식 회전센서

해, 자석으로 사마륨·코발트 자석이나 네오듐·철·보론 자석 등과 같이 자속밀도가 높은 희토류 자석이 많이 사용한다.

로터가 회전하면 센서와 로터 사이의 에어 갭이 변하기 때문에 홀IC 내의 홀소자를 관통하는 자속은 로터의 꼭지점과 바닥점에 대응해 그림 4-102같이 변한다. 자속변화로 인해 홀전압도 그림처럼 변한다. 홀 전압신호는 홀IC에 내장된 신호처리 회로에서 증폭 및 임계치 전압과의 대소 비교를 통한 정형파형(整形波形)에서 사각파형 신호로 변환되고, 이것이 센서 출력이 된다.

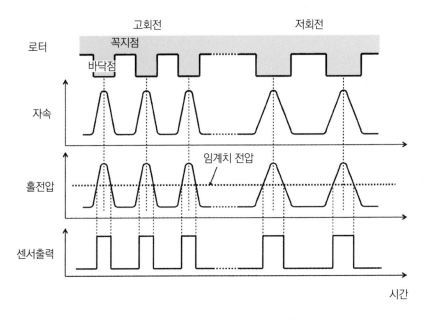

그림 4-102 실리콘 홀방식의 신호파형

홀전압은 자속밀도에 비례하기 때문에 회전수에는 영향 받지 않고, 로터의 꼭지점과 바닥점에 대응한 일정한 전압을 얻을 수 있다. MPU방식처럼 회전수가 낮을수록 출력이 떨어지는 일은 없기 때문에, 기본적으로는 로터의 정지위치나 초저속에서의 회전수 검출이 가능하다. 그러나 홀전압 감도가 충분하지 않고 신호증폭이 작을 때는 하이패필터스나 최대값과 최소값 검출회로에 의해 로터의 꼭지점과 바닥점에 대응하는 신호 변화량만큼 추려내는 신호처리가 필요하다. 이것은 로터와 센서 사이의 장착 갭 편차나 홀소자의 특성 편차 등으로 인해 옵셋 전압의 변동이 있는데, 이로 인해 신호전압이 바뀌면서 신호증폭이 적을 때는 임계값 전압에 걸리지 않기 때문이다. 이런 경우에는 신호의 변화량만큼 증폭할 필요가 있다. 그러므로 로터가 정지된 상태에서는 위치검출(꼭지점 도는 바닥점 검출)을 못하게 된다. 실리콘 홀IC는 결코 감도가 높다고 할 수 없기 때문에, 특히 기어 로터 검출에서는 자속밀도의 충분한 변화를 얻지 못해 정지위치 검출이 매우 어렵다.

(3) MRE방식 회전센서

자기저항소자(MRE)란 일반적으로 외부계자에 의해 전기저항이 바뀌는 소자의 총칭으로, 대표적인 것으로는 반도체MRE와 강자성체 박막MRE가 있다. 이 두가지의 MRE는 저항변화가 전혀 다른 원리에 기초하기 때문에 그 저항변화 특성에도 큰 차이가 있다.

① 반도체MRE

반도체MRE는 앞에서 언급한 홀효과와 마찬가지로 반도체의 전하입자가 자장 속에서 로렌츠힘을 받음으로써 저항값이 바뀌는 것이다. 즉 전압인가로 인해 전계방향으로 이동하는 전하입자의 진행방향이 자장 속에서 로렌츠힘에 의해 굴절되기 때문에 자계강도가 클수록 저항값이 증가하는 것이다. 자계강도에 대한 저항변화 특성의 한 사례를 나타낸 것이 그림 4-103이다. 이런 현상은 반도체 전반에서 볼 수 있는 현상으로, 홀효과처럼 InSb나 InAs의 박막저항을 이용하면 더 큰 저항값 변화를 얻을 수 있다. 하지만 차량용 탑재 센서로는 홀방식이 널리 이용되는 편이고 반도체MRE는 거의 사용하지 않는다.

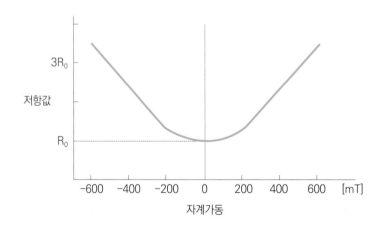

그림 4-103 반도체MRE의 저항변화 특성

② 강자성체 박막MRE

강자성체 박막MRE에는 Ni-Fe나 Ni-Co 등과 같은 강자성 금속의 합금재료로 형성된 박막저항체가 이용된다. 강자성체 박막MRE는 차량용 회전센서에 널리 이용되는데, MRE방식 회전센서라고 하면 통상적으로 강자성체 박막MRE에 의한 회전센서를 가리킨다.

③ 강자성체 박막MRE의 재료

강자성체 박막MRE에는 Ni-Fe합금 또는 Ni-Co합금이 사용된다. Fe나 Co, Ni 같은 강자성체 금속은 단독으로도 1~2%의 자기저항 변화율이 있지만, 단독보다 합금 쪽이 자기저항 변화율이 높아서 단독 금속을 이용하는 경우는 거의 없다.

가장 많이 사용되는 것은 통상 퍼멀로이(Permalloy)라고 불리는 81Ni-19Fe합금이다. 자기저항 변화율은 Ni-Fe 조성비에 의해 바뀐다. 벌크재료에서는 90Ni-10Fe 가까운 조성으로 최대 5% 정도이지만, 박막 같은 경우는 벌크재료보다 결정내부 구조가 복잡하여 전체적인 변화율은 작아진다. 자기저항 변화율은 퍼멀로이 조성 부근에서 최대가 되어 약 3%이다.

퍼멀로이는 자기변형(磁歪)정수가 거의 0이라는 장점이 있다. 자기변형은 강자성체에 외부자계가 걸리면 그 치수가 변화하는 현상이지만, 반대로 강자성체에 힘이 가해지면 자기특성이 변화한다. 박막MRE는 실리콘 시판 위에 밀착되어 있고, 몰드수지로 밀봉되기 때문에 열응력이 작용한다. 그러므로 자기변형정수가 거의 0에, 응력에 의한 자기특성 변화가 적은 퍼멀로이는 매우 바람직한 재료라고 할 수 있다.

Ni-Co합금은, 예를 들면 76Ni-24Co에서 약 5%의 비교적 높은 자기저항 변화율을 보인다. 그러므로 자동차용 회전센서에도 많이 이용될 때가 있지만, 자기변형 정수가 크다는 점이나 기타 자기특성 측면에서 제대로 사용하기 어려운 재료라고 할 수 있다.

④ 거대 자기저항 효과와 터널 자기저항 효과

강자성체의 자기저항소자(MRE)에는 지금까지 살펴본 강자성체 박막의 이방성 자기저항(AMR) 효과에 따른 MRE 외에, 거대 자기저항(GMR:Giant Magneto-Resistance) 효과나 터널 자기저항(TMR:Tunnel Magneto-Resistance) 효과에 따른 MRE가 있다. 이 소자들은 주로 자기 기억장치의 자기헤드를 더 고성능화하기 위해서 AMR로 바뀌는 소자로 개발된 것으로, GMR은 차량용 회전센서로도 이용된다.

GMR은 그림 4-104의 (a)에서와 같이, Co 등과 같은 강자성 박막과 Cu 등과 같은 비자성 박막을 몇 nm 두께로 교대로 수 십층을 적층한 구조를 하고 있다. 이 구조에 있어서 비자성막을 사이에 둔 상하 강자성막은 외부자계가 없는 경우, 그림 4-104의 (b)에서와 같이 서로 반평행방향으로 자화(磁化)된다. 이것은 강자성막 끝부분에서 샌 자계가 그림 속 파선으로 나타낸 것처럼 폐자로(閉磁路)를 형성(커플링)하는 것이 가장 안정된 상태이기 때문이다. 이 상태에서 GMR 속을 이동하는 자유전자는 자유전자의 이동 방향과

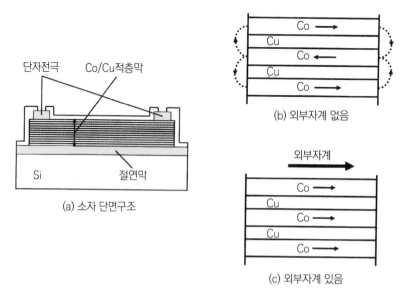

그림 4-104 GMR의 구조와 내부자화의 상태 변화

강자성막의 자화 방향이 같은 경우에는 흩어짐(散亂)이 적고, 자화가 반대 방향인 경우에는 심하게 흩어진다. 그리고 이 전자의 산란은 강자성과 비자성층의 경계면에서 특히 강하게 발생한다.

반면, 그림 4-104의 (c)에서와 같이, 외부로부터 자계를 걸어 강자성막 방향을 같은 방향으로 만들어주면 자유전자의 이동 방향과 자화 방향이 모두 같아져 산란이 줄어들기 때문에 저항값이 감소한다. GMR은 자화가 역방향인 층에서 전자의 산란이 매우 크고, 적층구조로 인해 강자성층과 비자성층 계면을 다수 형성하기 때문에 종래의 AMR보다 높은 자기저항 변화율을 얻을 수 있다. 하지만 상하 강자성막의 커플링은 매우 안정적이고 강하기 때문에, 강자성막 전층의 변화 방향을 평행하게 하려면 상당히 높은 자계를 걸어야 한다. 즉 GMR이 가진 높은 자기저항 변화율의 잠재성을 충분히 살리기 위해서는 높은 자계가 필요하다. 이것을 AMR의 저항변화와 비교해 그림으로 나타낸 것이 그림 4-105이다.

GMR은 아주 얇은 금속막을 적층한 구조로 고온에서 금속막 사이의 상호 확산에 따른 특성 열화가 문제이다. 그러므로 자기헤드에 널리 사용되지만, 차량용 센서에 대한 적용은 어려웠다. 하지만 170℃ 고온에서도 안정적인 GMR막이 개발되고 40mT 정도의 자속밀도에서 약 30%의 자기저항 변화율을 가진 GMR소자와 신호처리 회로를 1칩의 센서에 집적한 차량용 회전센서가 실용화되었다.

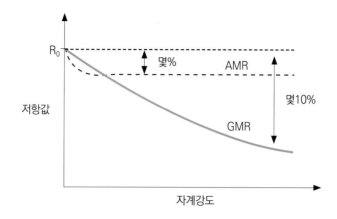

그림 4-105 AMR(강자성체 박막MRE)과 GMR의 저항변화 특성

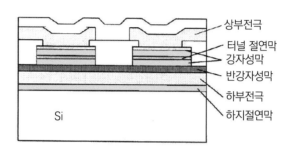

그림 4-106 TMR 소자의 구조

한편 TMR 소자구조는 그림 4-106에서와 같이, 상하 전극 사이에 1~2nm의 아주 얇은 절연막을 사이에 두고 2개의 강자성막과 반강자성막을 적층한 구조이다. 이처럼 얇은 절연층을 사이에 둔 강자성체 양 끝에 전압을 가하면 터널 효과에 의해 전자가 절연층을 통과해 전류가 흐른다. 터널 효과에 의한 전류는 외부자계가 없는 상태에서 2가지 강자성막의 자화 방향이 반평행일 때 잘 흐르지 않고, 외부자계를 걸어 자화 방향을 평행하게 하면 잘 흐르는 성질이 있을 정도로 외부자계에 의해 저항값이 급격히 변화한다. TMR소자 구조에 있어서 자화 방향을 평행하게 하는데 필요한 자속밀도는 몇 mT 정도로, 자기저항 변화율이 100%를 넘는 경우도 드물지 않다. 이처럼 TMR은 약간의 자계로 큰 저항값 변화를 얻을 수 있는, 비유하자면 0과 1 식의 디지털 같은 변화특성을 갖는다. 최근에는 자기(磁氣) 기억장치의 자기헤드 외에 불휘발성 메모리의 일종인 MRAM(Magnetroresistive Random Access Memory)에 활발히 적용중인 가운데 차량용 센서에 대한 응용연구도 활발하다. 표 4-20는 신호처리 회로와 집적화되어 차량용 센서로

표 4-20 **차량용 집적화 회전센서의 특징 비교**

방식	Si홀	강자성 박막MRE(AMR)	GMR
감도	약함	중간	강함
온도특성	높은	중간	낮음
정지위치검출	어려움	가능	가능
에지정확도	떨어짐	양호함	양호함
내열성	떨어짐	뛰어남	양호함
집적화 장치의 제조공정	가단함	쉬움	복잡함

실용화된 실리콘 홀과 강자성체 박막MRE(AMR), GMR 3가지의 집적화 센서에 대한 특징을 정리한 것이다.

3) MRE방식의 회전센서

강자성체 박막MRE(AMR소자)를 이용한 회전센서는 자동차의 다양한 회전검출에 다용도로 활용되고 있다. 그림 4-107은 이 강자성체 박막MRE를 이용한 대표적 회전센서의 구조이다. 센서는 지금까지 설명한 것처럼, 기어 로터에 마주하도록 장착한다. 로터를 마주하는 센서 끝

그림 4-107 MRE 회전센서 구조

에는 중공의 펠라이트 자석과 그 중공부분에 삽입된 센서IC가 배치되고, 센서IC 단자는 커넥터 터미널에 용접되어 있다. 이것이 장착부분을 보강하는 금속 파이프와 함께 하나로 수지 몰딩되어 커넥터 하우징과 장착부분을 형성한다.

중공 자석에 매립된 센서IC는 그림 4-108 (a)에서와 같이, 에폭시 수지의 몰드IC에, MRE와 신호처리 회로가 1칩으로 집적화된 센서 칩을 내장한다. 센서 칩이 그림 4-108의 (b)에서와 같이, 원통 자석의 가운데 부분에 구멍을 낸 중공 자석 안에 삽입되는 것이다. 이런 구조를 통해 센서 칩을 자석 아주 가까이 배치할 수 있고, 칩 안의 MRE에 포화 자계강도 이상의 자계강도를 쉽게 인가할 수 있다. MRE는 칩 면에 평행한 자기 벡터 방향을 검출하게 된다.

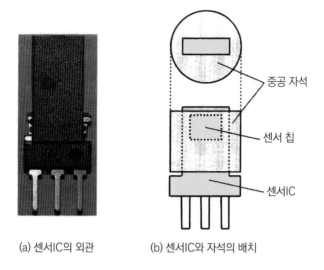

(a) 센서IC의 외관   (b) 센서IC와 자석의 배치

그림 4-108 MRE의 센서IC와 자석

(1) 회전검출의 작동원리

MRE 회전센서의 작동원리에 대해 간단히 살펴보겠다. 그림 4-109는 MRE 회전센서
가 로터의 꼭지점과 바닥점을 어떻게 검출하는지에 대한 기본 원리를 나타낸 것이다. 그
림 왼쪽에서와 같이, 센서가 기어 로터의 꼭지와 마주했을 때는 자석의 자계가 로터에 이
끌려 똑바로 마주한다. 한편 바닥에 마주했을 때는 그림 우측에서와 같이, 자석은 주변
자성체의 영향을 받지 않고 자석 본래의 자계가 열리는 방향으로 움직인다. 자계 방향의
변화를 MRE로 검출함으로써 로터의 꼭지점과 바닥점을 검출할 수 있다.

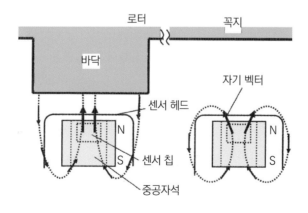

그림 4-109 MRE 회전센서의 꼭지·바닥점 검출 기본원리

(2) MRE의 제조기술

MRE와 신호처리 회로를 포함한 집적화 센서 칩의 제조공정 흐름 가운데 한 가지 사례가 그림 4-110이다. 신호처리 회로부분은 바이폴라 소자 회로로 이루어져, 자기검출 부분의 MRE에는 자기변형 정수가 거의 0이라는 장점을 가진 퍼멀로이(81Ni-10Fe합금) 박막을 이용한다. MRE의 자기특성은 재료조성뿐만 아니라, 막 두께나 형상(선 폭, 길이), 패턴 레이아웃 등에 의해서도 좌우된다. 포화 자계강도는 작게 또 감도는 강해지도록 막 두께나 형상을 설계하고, 가공조건을 결정한다.

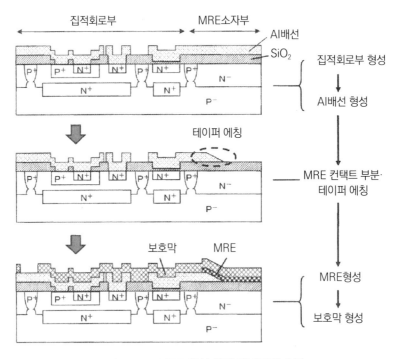

그림 4-110 MRE 센서 칩의 제조공정 흐름

이 구조의 장점은 공정흐름의 단면구조에서와 같이, MRE 박막(수십nm)과의 접속부인 배선재료의 Al막(약 1μm) 끝부분을 테이퍼 형상으로 에칭한 다음, 그 위에 퍼멀로이 박막을 증착하는데 있다. 이것은 그림 4-110에서와 같이, Al 끝부분에서의 MRE 박막의 단차 피복을 잘 퇴적시킴으로써 Al 단차에 의한 MRE 박막의 끊김(단절)을 방지하기 위해서이다. 원하는 Al배선의 테이퍼 형상을 얻기 위해서는, 에칭 레지스트의 가공조건이나 에칭 시간, 에칭액 관리(조성, 온도, 액 수명 등)가 중요하다.

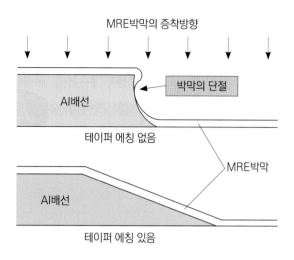

MRE박막의 증착방향

박막의 단절

AI배선

테이퍼 에칭 없음

MRE박막

AI배선

테이퍼 에칭 있음

그림 4-111 MRE박막의 단차 피복

MRE 박막은 증착으로 인해 웨이퍼 위에 퇴적하고, 포토에칭에 의한 패터닝으로 MRE 가 형성된다. 이 프로세스의 가장 중요한 공정은 증착과 그 후의 열처리이다. MRE의 자 기특성은 막 조성에 크게 의존하기 때문에, 증착재료나 증착조건(진공정도, 온도, 시간 등)의 관리, 불순물 혼입 등에 주의할 필요가 있다. MRE의 특성은 열로 인해 쉽게 변동 하기 때문에 MRE 박막을 증착한 뒤의 열처리에 특히 주의해야 한다.

(3) MRE 회전센서의 신호처리 회로

MRE 회전센서의 신호처리 회로는 주로 MRE 풀 브리지회로의 차동출력에서 얻어지 는 신호(기어 로터의 꼭지·바닥에 대응하는 신호)를 증폭하는 회로와, 그 출력신호를 두 가지 수치화(2數値化) 신호로 변환하는 정형 파형회로로 이루어진다. 또 크랭크각 센서 등과 같은 회전센서는 전원이 배터리에서 직접 공급되기 때문에, 차량 유도성 부하의 단 속으로 인해 발생하는 서징 전압 등과 같이 에너지가 큰 전기잡음 전압이나 배터리의 역 접속 등에 의해 고장이 나지 않아야 한다. 따라서 회로소자를 이들 전기잡음으로부터 보 호하는 회로가 필요하다.

신호처리 회로의 한 가지 사례로 크랭크각 센서에서의 예는 그림 4-112이다. 전원단 자(V_B)와 출력단자(OUT)에는 보호저항과 칩 콘덴서가 접속되어 서지전압 등에 의한 센 서 칩 안의 회로소자 파괴를 방지한다. 보호저항에는 서지전압으로 파괴되지 않을 정도 로 충분한 전압 내구성(대략 200V 이상)이 필요하지만, IC칩 안의 확산저항 등으로 이 전압 내구성을 얻기는 어렵기 때문에 통상은 외부장착의 칩 저항 등이 필요하다. 그러나

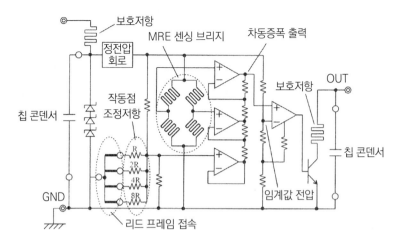

그림 4-112 MRE 회전센서의 신호처리 회로

MRE 회전센서 같은 경우, MRE 자체가 절연 막 위에 형성된 소자 때문에 충분한 전압 내구성을 갖고 있어 보호저항으로도 이용할 수 있다. 즉 MRE와 같은 Ni-Fe 막으로 이루어진 저항을 보호저항으로 센서 칩 안에 내장할 수 있다. 한편 칩 콘덴서는 그림 4-113 에서와 같이, 센서IC의 리드 프레임 상에 탑재되어 센서 칩과 함께 같이 수지 몰딩한다.

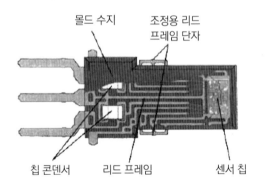

그림 4-113 센서IC의 내부 구조

그림 4-112의 회로특징은 MRE를 통한 센싱 브릿지의 차동출력으로부터 충분히 큰 신호증폭을 얻을 수 있어 차동출력 신호를 2수치화하기 위한 임계값 전압에 고정 임계값 을 이용한다는 점이다. 이를 통해 회로 구성이 매우 간단할 뿐만 아니라, 로터가 정지했 을 때도 로터의 위치(꼭지 또는 바닥)를 판별하는 신호를 출력할 수 있다.

회로에서는 MRE의 특성 편차에 의한 옵셋 전압 변동 조정도 매우 간단한 방법을 이 용한다. 그림 4-112에서와 같이, 4개의 조정저항(R~8R)이 각각 리드 프레임에서 GND

단자에 접속되어 있어, 리프 프레임을 기계적으로 단절하느냐 여부로 16단계의 차동 증폭 출력의 작동점 변경이 가능하다. 이로 인해 고정 임계값 전압에 대해 차동증폭의 신호 전압 정도를 조정하는 것이다. 그림 4-113의 센서IC에서와 같이, 센서IC 양쪽으로 노출된 리드 프레임 부분이 여기에 해당한다. 이렇게 연속되지 않고 간단한 조정회로를 이용할 수 있다는 점도 MRE 센싱 브릿지 출력으로부터 충분히 큰 신호증폭을 얻을 수 있기 때문이다.

신호증폭이 작을 때는 로터의 꼭지점과 바닥점에 대응하는 신호의 변화에 양만큼만 끌어내는 신호처리가 필요하다. 이것은 로터와 센서 사이의 장착 갭 편차 등으로 인해 옵셋 전압이 변동하고, 그로 인해 신호전압이 바뀌기 때문에 고정된 임계값 전압에서는 신호증폭이 임계값에 걸리지 않기 때문이다. 이럴 때는 하이패스 필터 등을 사용해 직류 옵셋전압을 차단하거나, 신호증폭의 극대치와 극소치를 검출해 이 값들 사이에 임계값을 추종시키는 회로가 필요하다. 다시 말하면 이런 회로에서 신호가 바뀌지 않으면 2수치화 신호를 검출할 수 없기 때문에 로터가 정지된 상태에서의 위치를 검출하지 못한다. 신호증폭의 최대·최소값 검출에 따른 임계값 추종형의 2수치화 신호처리 회로 가운데 한 가지 사례를 나타낸 것이 그림 4-114의 회로 블록도이다. 이 회로는 실제로 많은 소자를 필요로 하는 규모의 큰 회로이기 때문에, 집적도가 높은 C-MOS 집적회로 칩이 사용된다.

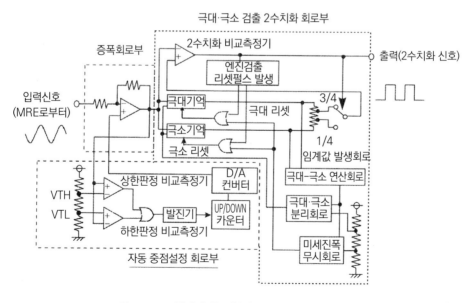

그림 4-114 임계값 추종형의 2수치화 신호처리 회로

4) MRE회전 센서의 패키징 기술

MRE센서는 자계를 검출하는 센서이기 때문에, 압력센서처럼 검출매체의 압력을 직접 또는 간접적으로 수압하는 구조나 가속도센서처럼 가동부분을 중공으로 밀봉하는 특이한 구조의 기술은 필요하지 않다. 그러므로 패키징 기술로서는 센서IC나 자석 등과 같은 구성부품을 수지 등의 비자성 재료로 어떻게 밀봉하느냐는 것이 중점사항이 된다. 밀봉방법으로는 통상 가수분해 내구성이나 약품 내구성 등 화학적 손상이 크고, 기계적 강도도 뛰어난 PPS수지를 통한 삽입 성형이 이용된다. 이런 성형에서 중요한 점은 자기회로의 편차를 최대한 줄이기 위해서 센서IC와 자석을 높은 정확도로 위치를 결정(대략 ±0.1mm 이하)해 성형한다는 점과, 외부에서 물이나 오일 등이 침입하지 않도록 센서IC 등의 구성부품을 PPS수지로 매끄럽게 밀봉한다는 것이다. 이런 요구에 대응할 수 있는 밀봉 성형기술로 가열 핀제거 성형, 2차 용착 성형, 레이저 용착 같은 기술이 있으다. 다음은 이런 3가지 밀봉 성형기술에 대해 살펴보겠다.

(1) 가열 핀제거 성형

그림 4-115는 골프공 성형 등에 이용되는 통상의 핀제거 성형에 대한 개요를 나타낸 것이다. 핀제거 성형은 먼저 삽입하는 부품을 핀으로 유지한 상태에서 용융수지를 사출해 충전한다. 그리고 수지가 굳기 전에 유지 핀을 빼낸 다음, 핀 구멍은 주변 용융수지로 메꿈으로써 삽입 부품이 소정의 위치에 밀봉되도록 하는 성형 기술이다. 그런데 핀제거 성형은 유지 핀의 구멍 흔적을 메꾸는 수지의 용착이 충분하지 않아 차량용 제품에 적용할 수 있는 밀봉 수준에 도달하지 못했다.

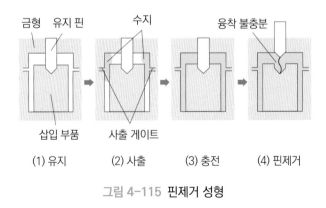

그림 4-115 **핀제거 성형**

이렇게 핀제거 흔적의 수지를 확실히 융착해 밀봉하는 것이 가열 핀제거 성형기술이다. 그림 4-116은 이 가열 핀제거 성형기술의 중요사항을 나타낸 것이다. 가열 핀제거 성형은 삽입 부품을 유지하는 핀에 히터 기구를 내장하여 금형 안에 용융수지를 사출·충전한 다음, 유지 핀을 가열하면서 빼낸다. 사출성형은 수지가 틈이 발생하지 않게 충전되도록, 사출·충전 후의 수지가 굳는 과정에서도 금형 안에 일정한 압력을 가한다. 압력유지과정에서 핀을 뺀 흔적의 구멍으로 수지가 흘러들어간다. 이때 핀이나 금형 등에 접해 있던 수지의 가장 바깥 표면은 이미 굳기 시작하지만, 얇게 굳은 층을 핀 가열로 재용융시킴으로써 핀을 제거한 구멍으로 흘러들어가는 수지의 융착을 확실하게 한다.

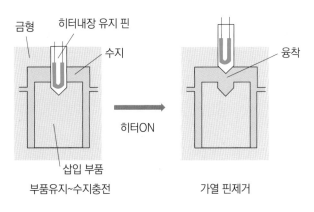

그림4-116 가열 핀제거 성형

유지 핀의 가열은 부품을 유지한 상태에서 처음부터 가열하면 부품이 열 변형해 유지가 안 되기 때문에, 핀을 빼는 타이밍에 맞춰서 가열을 시작할 필요가 있다. 그때 핀과 접한 부분에서 한 번 굳은 수지를 융점 이상으로 높여 재용융시키는 것이므로, 핀 가열은 빠르고 적절한 타이밍에 하는 것이 중요하다.

그림 4-117은 가열 핀제거 성형을 통한 MRE 회전센서의 구조를 나타낸 것이다. 중공자석에 센서IC가 들어가고, 이것들이 삽입부품으로 밀봉·성형된다. 삽입성형은 그림 4-118에서 와 같이 3방향의 유지 핀으로 위치를 결정하는 가열 핀제거 성형이 이용된다. 또 그림에는 없지만, 자석 주변에는 부분적으로 성형수지 두께가 얇은 부분을 만들어 수지가 경화할 때, 이 얇은 부분의 수지가 먼저 굳도록 함으로써 핀을 빼기 전에 자석의 위치결정이 고정되도록 한다. 이렇게 함으로써 자석과 센서IC는 ±0.1mm 이하로 매우 정밀하게 성형될 뿐만 아니라, 방수성에 뛰어나게 매끈하게 밀봉된다.

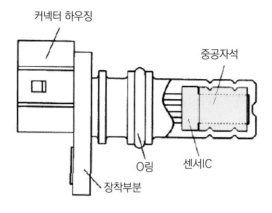

그림 4-117 가열 핀제거 성형 센서의 구조

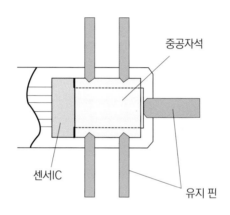

그림 4-118 유지 핀의 배치

(2) 2차 용착 성형

2차 용착 성형은 사전에 성형한 부품(1차 성형품)을 성형수지로 새롭게 오버 몰딩(2차 성형)함으로써, 1차 성형품을 2차 성형수지로 용착해 일체화한 것이다.

그림 4-119는 2차 용착 성형을 통한 MRE 회전센서의 구조를 나타낸 것이다. 먼저 중공 자석과 거기에 끼운 센서IC를 PPS 수지 캡 안에 삽입·고정한다. 이것을 2차 성형금형에 세팅한 다음 수지 캡에 오버 몰딩를 걸어 용착하는 동시에, 커넥터 하우징이나 장착부분을 성형한다. 자석과 센서IC는 수지 캡에 의해 금형에 고정되기 때문에 정확도가 좋게 위치를 결정할 수 있다.

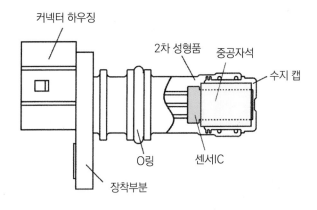

그림 4-119 2차 용착성형

2차 성형수지를 통한 용착은 2차 성형 때의 용융수지로 수지 캡 일부를 재용융시켜 용착하지만, 단절 흔적 없이 확실히 용착하기 위해서는 부품형상이나 성형조건 등을 개선할 필요가 있다. 한 가지 사례로서 수지 캡 형상을 상세히 나타낸 것이 그림 4-120이다. 수지 캡의 원주 상에 용착용 리브를 만든다. 용착 리브는 오버 몰딩 부분의 용융수지가 흘러들어가는 입구에 정확히 배치해, 가능한 온도가 높은 수지와 접하게 한다. 이 부분의 유로를 좁게 해 용융수지의 유속을 높임으로써 용융수지 자체 열뿐만 아니라, 마찰열도 유효하게 얻을 수 있게 한다. 이런 개선을 통해 용착 리브가 전체 둘레에 걸쳐 재용융하여 2차 성형수지와 용착하기 때문에, 단절 흔적 없이 방수성에 뛰어난 실링을 얻는 것이다.

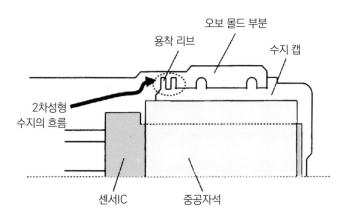

그림 4-120 2차 용착성형 상세

(3) 레이저용착

레이저를 통한 수지용착은 현재 가장 일반적인 가공법으로 여러 분야에서 활용되고 있다. MRE 회전센서에서도 레이저 투과성이 뛰어난 PPS 수지가 개발되어, 레이저 용착을 통한 밀봉을 채택하고 있다. 그림 4-121은 레이저 용착에 대한 개요를 나타낸 것이다. 캡에 투과성 PPS수지를 이용하고, 이것을 케이스에 접촉시켜 가압한다. 그 상태에서 캡을 투과해 접촉면에 레이저를 쏘면, 먼저 케이스의 PPS 수지가 레이저 빛을 흡수하기 때문에 가열되어 용융한다. 용융수지의 열이 캡 쪽으로 전도되고, 캡 수지도 용융되어 양쪽이 용착된다.

레이저 용착은 몇 초 정도의 가공시간만으로 접합이 가능하기 때문에, 용착제를 사용한 수지부품 접합을 대신해 점점 더 많이 이용되고 있다.

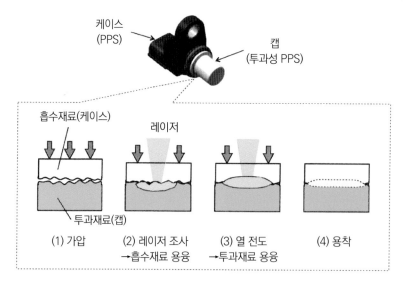

그림 4-121 레이저 용착

5 광센서

1) 광센서의 용도

차량용 광센서는 일반적으로 광량(밝기)를 검출하는 것이 목적인 센서이지만, 광량을 검출수단으로 삼아 다양한 물리적 정보를 얻을 목적으로 사용한다. 차량용 광센서는 다양한 용도로 사용되는데, 이런 것들을 검출 목적별로 정리한 것이 표 4-21이다. 검출목적은 다음과 같이 크게 3가지로 나눌 수 있다.

표 5-21 차량용 광센서의 주요 용도

검출목적		센서	시스템
광량(밝기)		• 햇빛센서	공조제어
		• 오토 라이트 센서	라이트 제어
		• 라이트 센서	공조/라이트 제어
		• 주위 광센서	자동방현 미러
표면온도		• 적외선 온도 센서	공조제어
물체의 유무/위치	회전수	• 회전센서	엔진제어 외
	빗방울	• 레인 센서	오토와이퍼 제어
	담배 연기	• 스모크 센서	공기질 제어(공기정화기)
	차량	• 레이저 레이더	크루즈 컨트롤
	주변화상	• 주변감시 카메라 (이미지 센서)	후방 모니터 주차지원 시스템 차선유지 시스템
	보행자	• 적외선 카메라	나이트 비전

첫 번째는 광량 검출 자체가 목적인 센서로, 공조제어용 햇빛센서나 라이트 제어용 오토 라이트 센서가 여기에 해당한다. 두 번째는 물체의 표면온도 검출이 목적인 센서로, 물체로부터 방사되는 적외선을 검출해 비접촉으로 물체의 표면온도를 계측하는 적외선 온도센서로 자동차 공조제어에서 사용되기도 한다. 세 번째는 빛의 강도변화나 위상차를 통해 물체의 유무나 위치 등을 검출하는 것이 목적인 센서이다. 포토인터럽터를 이용해 구멍의 유무를 검출하는 단순한 회전센서부터, 수 십 만 소자 또는 그 이상 수의 이미지 센서를 이용해 화상정보를 얻는 차량용 카메라에 이르기까지 다양하다. 특히 안전제어 분야에서 빼놓을 수 없는 센서로 자리하고 있다.

이처럼 광센서의 용도는 다양하지만, 그 중 자동차용에 필요한 특징을 갖춘 센서 몇 가지를 살펴보겠다.

(1) 햇빛센서

햇빛(日射)센서는 탑승객이나 차량실내에 비치는 햇살의 세기를 검출한다. 자동 에어컨의 실내온도 제어는 차량 안과 밖의 온도를 검출하는 동시에, 태양 직사광에 따라 체감온도가 다르기 때문에 이것을 보정하기 위해서 햇빛센서가 이용된다. 탑승객에게 직접 햇빛이 비치면 실제 실온 이상으로 덥게 느끼기 때문에, 공기조절 온도를 약간 시원하게 제어하는 동시에 바람 양도 조금 많게 제어함으로써 쾌적한 온도를 느낄 수 있게 한다.

그림 4-122은 햇빛센서의 외관 모습이다. 그림 4-123에서와 같이 햇빛센서는 통상 운전석 쪽 대시보드 위에 장착되어, 햇빛 광량(조도)에 비례하는 신호를 출력한다.

그림 4-122 햇빛센서 외관

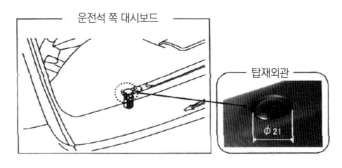

그림 4-123 햇빛센서의 탑재위치

(2) 오토 라이트 센서

오토 라이트 제어는 주위의 밝기에 맞춰서 자동으로 헤드램프와 테일 램프를 점등·소등하는 시스템이다. 예를 들어 터널이 연속되는 경우 등에, 수동으로 조작해야하는 번잡한 점등·소등을 대체함으로서 운전자의 수고를 덜어주고, 편리성과 안전성을 제공하게 된다. 기본성능으로는 오토 라이트 센서를 통해 주변 밝기 변화를 감지해 약간 어두울 때는 먼저 테일 램프를 점등시키고, 더 어두워지면 헤드램프를 자동적으로 점등시킨다. 이 장치는 차량을 주차한 뒤 램프 끄기를 잊었을 때 자동으로 꺼주는 기능도 갖고 있다.

나아가 디스차지 헤드램프 등과 같이 조도가 높은 램프의 사용으로 인해 차량정차 시 맞은편 차량이나 보행자에 대한 눈부심을 줄이기 위해, 헤드램프를 자동적으로 감광하는 기능을 더하여 헤드램프의 점등이나 감광, 소등을 완전 자동으로 제어할 수 있는 시스템도 실용화되고 있다.

그림 4-124는 오토 라이트 센서의 외관을 나타낸 것이다. 오토 라이트 센서는 햇빛센서와 마찬가지로 통상 운전자 쪽 대시보드 위에 장착해, 주위의 빛 조도에 맞춰서 정해진 주파수변조 신호를 출력한다.

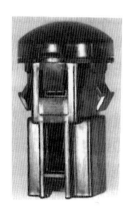

그림 4-124 오토 라이트 센서 외관

오토 라이트 센서와 햇빛센서는 출력특성과 요구사양은 다르지만 주위의 빛 조도를 검출하는 것은 기본적으로 똑같기 때문에, 빛의 센싱 부분을 통합해 양쪽 기능을 같이 갖게 한 것이 라이트센서이다. 라이트센서를 통해 종래의 대시보드 위에 설치되었던 2개의 센서가 1개로 줄어들면서 경제성뿐만 아니라 외관상으로도 보기 좋아졌다.

(3) 적외선 온도센서

자동 에어컨 시스템은 내부공기 센서, 외부공기 센서, 햇빛센서 3가지 센서와 온도 설정값으로부터 필요한 분사 공기 온도값을 연산한 다음, 필요 분사 온도값에 기초해 공기 온도와 분사 풍량, 분사구 등을 종합적으로 제어함으로써 공기를 조절한다. 이에 반해 적외선 온도센서를 이용해 탑승객의 표면온도 및 유리창, 시트 등의 내장, 천정 쪽 표면온도(복사)를 직접 검출함으로써, 종래의 센서 시스템보다 탑승객의 온도감각을 더 고려하는 공기조절 시스템이 실용화되었다.

예를 들어 겨울철 외부공기 온도가 낮은 상태에서 탑승객이 일시적으로 차 밖으로 나갔다가 다시 탑승할 경우, 종래의 내부공기 온도센서는 실내 공기온도를 검출했기 때문에 탑승객의 온도에 맞게 제어하지 못했다. 하지만 적외선 온도센서는 차가워진 탑승객 표면온도를 검출할 수 있기 때문에, 난방상태를 더 강하게 하도록 보정·제어할 수가 있게 되면서 탑승객의 온도 회복이 짧은 시간에 가능해진 것이다.

뿐만 아니라 겨울철 외부공기 온도가 낮은 상태에서, 속도가 빠른 경우에는 유리창 표면 온도가 크게 내려간다. 그러면 유리창으로부터 냉한 복사의 영향으로 탑승객의 창가쪽 온도가 낮아져 한기를 느끼는 현상이 발생한다. 그때 종래의 내부공기 온도센서는 유리창에서의 복사를 검출하지 못했지만, 적외선 온도센서는 유리창 표면온도를 검출해 복사된 양의 공기조절을 보정하는 것이 가능해진 것이다. 이런 기능은 여름철에도 동일한 방식의 공기조절 제어가 가능하도록 해준다.

적외선 온도센서는 물체로부터 복사되는 적외선을 검출해 비접촉으로 물체의 표면온도를 검출하는 센서로서, 센서의 온도검출 시야 내에서 각 물체(온도측정 대상물)의 온도를 평균온도로 검출하는 것이다. 센서소자를 매트릭스 상태로 배치하면 공간분해능을 높일 수 있다. 예를 들어 운전자와 동승자 사이 또는 탑승객과 유리창 사이 같이 온도측정 대상을 구별할 수 있기 때문에, 탑승객 한 사람 한 사람의 냉온 상태를 감지해 더 세밀한 제어로 쾌적성을 향상시키는 공기조절이 가능하다.

적외선 온도센서의 온도검출 방식에는 다양한 방식이 있지만, 차량용으로 이용되는 적외선 온도센서는 서모파일(Thermopile)방식은 제베크효과를 통한 열전대 온도검출 원리를 이용한 것이다. 그림 4-125는 적외선 온도센서의 한 가지 종류를 나타낸 것이다. 센서 캡에는 적외선 필터가 있어서 특정한 파장의 적외광만 센서 칩 위로 유도한다.

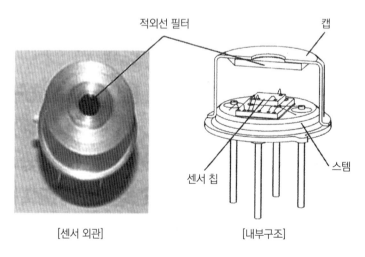

[센서 외관]　　[내부구조]

그림 4-125 적외선 온도센서의 구조

그림 4-126는 센서 칩의 구조이다. 정확하게 압력 센서의 실리콘 다이어그램을 모두

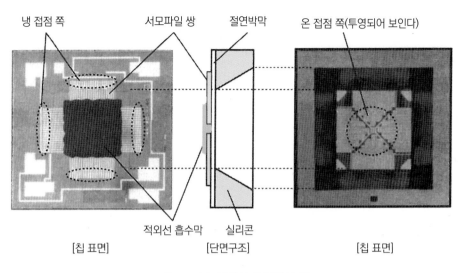

냉 접점 쪽　　　서모파일 쌍　　　절연박막　　　온 접점 쪽(투영되어 보인다)

적외선 흡수막　　　실리콘

[칩 표면]　　　[단면구조]　　　[칩 표면]

그림 4-126 적외선 온도센서 칩

에칭으로 제거하고 실리콘 위의 절연박막만 남긴 구조이다. 칩 중앙부분에 남은 박막은 실리콘 질화막 등으로 형성되어 있어, 칩 주변과는 열적으로 매우 높은 절연성을 갖게 한다. 박막 중앙부분 위에는 직렬로 접속된 많은 서모파일 쌍의 온(溫) 접점 쪽과 적외선 흡수막을 형성하고, 칩 주변부 위로 냉(冷) 접점 쪽을 배치한다. 서모파일은 N형 다결정 실리콘과 P형 다결정 실리콘 또는 Al막으로 형성되는 경우가 많고, 적외선 흡수막에는 적외선 흡수율 90% 이상되는 고흡수율의 Au-black막 등이 이용된다.

이 구조를 통해 센서 칩의 박막 위로 유도된 적외선 에너지는 효율적으로 열로 변환되고, 그 열이 서모파일에 의해 전압신호로 바뀐다. 예를 들면 N형 다결정 실리콘과 Al막을 직렬로 50단을 연결한 서모파일에 있어, 적외선에 따라 온 접점 쪽이 냉 접점 쪽과 비교해 1℃ 높아졌을 경우, N형 다결정 실리콘의 제베크계수를 $-100\mu V/K$, Al의 제베크계수를 $-3.2\mu V/K$라고 한다면, 서모파일에 발생하는 기전력 $\varDelta V$는 제베크계수 차이 × 온 접점과 냉 접점의 온도차이 × 서모파일 단수로 계산해 4.84mV가 된다.

(4) 레인센서

레인센서는 빗물 양을 검출해 와이퍼 작동을 자동으로 제어하는 자동 와이퍼 시스템에 사용된다. 자동 와이퍼 시스템은 빗물 양에 맞춰서 와이퍼의 정지와 작동 및 작동모드의 시차, 저속, 고속에 대해 전체적으로 제어하는 시스템이다. 운전자가 빗물 양에 맞게 자신의 감각으로 조절볼륨을 사용하는 감도조정도 가능하다.

레인센서는 전면 유리의 중앙 윗쪽에 탑재되어 와이퍼 동작영역의 빗물을 직접 검출한다. 감지방식은 비가 내리기 시작할 때나 천천히 내리는 비도 검출할 수 있는 적외선 방식이 사용된다. 그림 4-127은 레인센서의 구조를 나타낸 것이다. 적외선 발광소자(LED)와 수광소자(PD : 포토다이오드), 광로(光路)를 형성하는 프리즘 및 마이크로 컴퓨터를 탑재한 컨트롤러 등으로 구성된다.

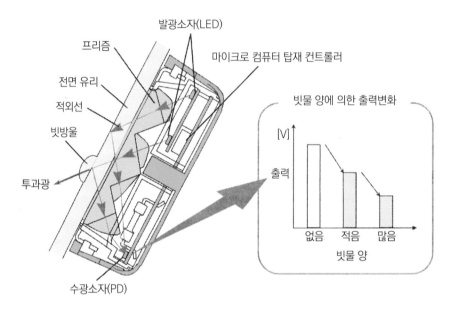

그림 4-127 레인센서 구조와 검출원리

발광소자에서 나온 적외선은 빗방울이 없는 상태에서는 전면 유리에서 전분 반사되지만, 빗방울이 있으면 적외선 일부가 외부로 투과해 수광소자로 들어오는 적외선 양이 줄어든다. 빗방울이 많아질수록 적외선의 수광량이 줄어들기 때문에 이 줄어드는 양에 의해 빗물 양을 판정한다. 빗물 양 신호에 기초해 ECU 알고리즘에서 와이퍼의 작동 간격과 작동 스피드를 제어함으로써 대다수 운전자의 감도에 맞는 작동 감각을 실현하는 것이다.

(5) 레이저 레이더

레이저 레이더는 운전지원 시스템 가운데 운전 안전성과 편리성을 제공하는 대표적 장치인 어댑티브 크루즈 컨트롤(ACC)에 사용된다. ACC는 설정된 차속을 유지할 뿐만 아니라, 차간거리를 검출하는 레이저 또는 밀리파를 통한 레이더 센서를 이용해 자기 차선 상의 선행차량을 검출해 자차와 선행차량과의 차간거리를 제어하는 시스템이다. 차속에 맞는 적절한 차간거리를 유지하면서 선행차량을 따라 간다.

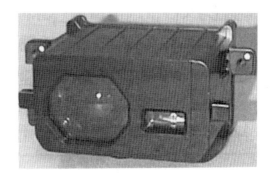

그림 4-128 레이저 레이더 장치 외관

그림 4-128은 스캔 방식 레이저 레이더 장치의 외관 모습이고, 그림 4-129은 내부 구조이다. 레이저 빛을 발생하는 레이저 다이오드와 레이저 빛을 스캐닝시키기 위한 폴리곤 미러, 대상물로부터 반사된 빛을 검출하는 포토다이오드 및 이것들을 제어하는 신호처리 회로 등으로 구성된다. 레이저 빛이 선행차량으로부터 반사되어 돌아올 때까지의 시간을 통해 검출된 거리 및 조사 각도(스캐닝 각도)의 정보데이터를 연산함으로써, 주행차선 상의 선행차량 유무 및 선행차량과의 거리, 상대속도를 산출한다. 레이저 빛의 스캐닝은 폴리곤 미러를 DC모터로 회전시켜 폴리곤 미러 각 면의 회전각에서 수평방향으로 레이저 빛을 스캔하고, 미러 각 면의 경사각도가 다른 것을 통해 상하방향으로 스캔한다.

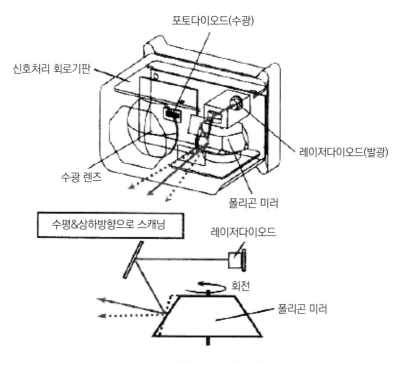

그림 4-129 레이저 레이더의 내부구조

그림 4-130는 레이저 레이더의 주요 부품인 레이저 다이오드 구조를 나타난 것이다. 레이저 다이오드는 AlGaAs와 GaAs의 적층구조를 가진 고출력 레이저 다이오드 칩이 단결정 GaAs의 서브 마운트를 매개로 구리 방열판 위에 납땜되어, 와이어 본드로 리드 핀과 접속된다. 고출력 레이저 다이오드 칩은 활성층(발광층)에 대한 충격이 수명에 큰 영향을 끼친다. 레이저 다이오드의 신뢰성을 확보하기 위해서는 칩에 충격을 주지 않는 납땜을 하기 때문에, Au-Sn-Ni합금의 땜납이 사용된다. 땜납은 칩과 구리 방열판의 습윤성을 향상시켜 납땜 중에 거미발(Collet)로 칩을 가압하지 않아도 양호한 접합강도를 얻을 수 있기 때문에, 내부 잔류응력이 작고 충격이 거의 없는 납땜을 할 수 있다.

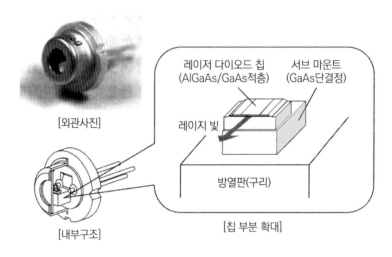

[외관사진]

레이저 다이오드 칩
(AlGaAs/GaAs적층)

서브 마운트
(GaAs단결정)

레이지 빛

방열판(구리)

[내부구조]

[칩 부분 확대]

그림 130 레이저 다이오드 구조

2) 라이트 센서 기술

차량용 광센서는 공기조절 제어나 안전성, 편리성을 제공하는 장치를 중심으로 다양한 시스템에 사용된다. 광센서 종류별 요구 사양에 차이는 있지만, 햇빛 광량(光量)을 검출한다는 점에서는 기능이 같은 햇빛센서와 오토 라이트 센서를 통합한 라이트 센서 기술에 대해서 살펴보겠다.

라이트 센서는 주위의 빛 밝기에 따라 점등 및 소등을 제어하기 위한 오토 라이트 센서와 공기조절 제어에 있어서 햇빛 양에 따른 공기조절 온도를 보정하기 위한 햇빛센서 2가지 기능을 합친 센서이다. 라이트 센서는 광 검출 소자로 포토다이오드를 이용하기 때문에 광센서로서는 비교적 단순한 센서이지만, 그 기술을 파악하면 광센서의 기본적

기술요소를 쉽게 알 수 있다.

(1) 라이트 센서의 요구사양

표 4-22는 라이트 센서의 요구특성 사양의 사례를 나타낸 것이다. 차량실내에 사용되는 센서이지만, 직사광선은 그대로 받는 대시보드 위에 설치되기 때문에 사용온도 범위의 상한이 의외로 높아서 100℃나 된다. 또 햇빛센서와 오토 라이트 센서의 기능을 겸비하고 있기 때문에 입사광 강도 범위가 한 여름의 직사광선부터 초저녁 무렵의 주위 빛까지 매우 넓은 범위에 대응해야 한다. 나아가 라이트 센서로서 특징적인 사양에 앙각(仰角)특성이라는 것이 있다. 앙각특성이란 높이 방향의 빛 입사각(앙각)에 대한 감도특성을 말한다.

표 4-22 라이트 센서의 요구사양

항목	사양
사용온도 범위	-30~100℃
입사광 강도	0~10만 lx
앙각(仰角) 특성	그림5-11 참조
정격전압	8~16V
EMC	200V/m
ESD	±25kV

공기조절 용도의 햇빛센서 기능은 탑승객이 태양광의 앙각 때문에 느끼는 더위가 다르기 때문에, 차량의 열 부하 특성에 맞는 앙각특성이 바람직하다. 즉 직각(90°)방향은 천정이 있어서 열 부하는 그다지 크지 않지만, 유리창에서 차량실내로 직사광선이 들어오는 40° 정도는 열 부하가 가장 커진다. 또 수평방향(0°) 부근에서도 탑승객은 햇빛으로 인해 더위를 느끼기 때문에, 센서는 감도를 가질 필요가 있다. 그러므로 햇빛센서 기능으로는 그림 4-131과 같은 앙각특성이 요구된다. 한편, 주위 빛의 조도를 계측하는 오토 라이트 센서 기능에 필요한 앙각특성은 고(高)앙각 쪽에서는 특별한 요건이 없지만, 저(低)앙각 쪽은 맞은편 차의 헤드라이트, 특히 하이 빔 받았을 때 라이트가 잘못되어 소등되는 것을 방지하기 위해 수평방향 감도를 낮게 억제할 필요가 있다. 그러므로 라이트 센서의 앙각특성은 그림 4-132에서와 같이 40° 앙각 부근에서 최대 감도를 보이고, 15° 이하 앙각에서 감도를 급격히 저하시키는 특성을 갖게 한다.

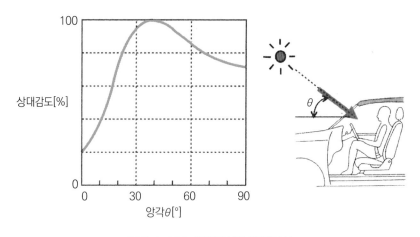

그림 4-131 햇빛센서의 앙각특성

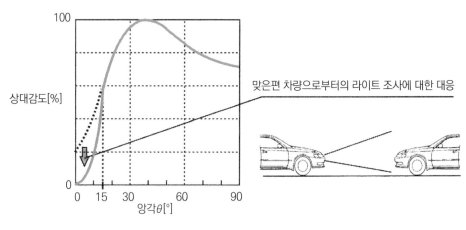

그림 4-132 라이트 센서의 앙각특성

(2) 라이트 센서의 구조

그림 4-133는 라이트 센서의 구조 중 한 가지 사례이다. 커넥터 하우징을 하나로 성형한 삽입 케이스의 위쪽 중앙에 라이트 센서가 접착된다. 센서와 커넥터의 삽입 터미널과는 AI와이어로 와이어 본딩되어, 전기잡음에 의한 오작동 방지용 칩 콘덴서가 터미널 사이에 도전성 접착제로 접착된다. 센서와 칩 콘덴서는 물방울 등의 부착에 의한 전기적 누전이나 부식으로부터 AI와이어 등의 도전부위를 보호하기 때문에 투명한 실리콘 젤로 덮여 있다. 또 가장 윗부분에는 필터가 장착되어 있다. 필터는 라이트 센서의 회로부분을 기계적으로 보호하는 동시에 입사광의 파장감도에 선택성을 갖게 해, 앙각특성을 실현하기 위한 도광(導光) 렌즈 역할까지 한다. 이 필터 기능에 대해서는 뒤쪽 패키징 기술 항에서 다시 살펴보겠다.

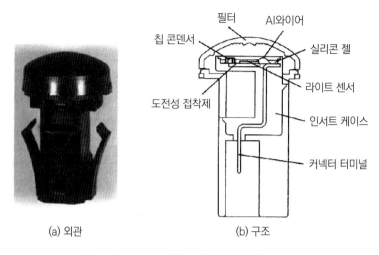

필터　AI와이어

칩 콘덴서　　　실리콘 젤

도전성 접착제　　라이트 센서

인서트 케이스

커넥터 터미널

(a) 외관　　　　　(b) 구조

그림 4-133 라이트 센서의 외관과 구조

(3) 라이트 센서

그림 4-134은 라이트 센서의 외관사진 모습이다. 실리콘 칩 중앙부분에 빛을 검출하는 포토다이오드가 배치되고 그 주변에 신호처리 회로가 집적화되어 있다.

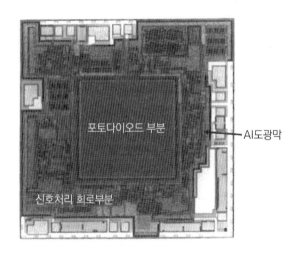

포토다이오드 부분

AI도광막

신호처리 회로부분

그림 4-134 라이트 센서 디바이스의 외관사진

① 포토다이오드의 빛 검출원리

포토다이오드에 의한 빛 검출의 기본원리는, 반도체의 PN접합에 빛을 조사하면 기전력이 발생하는 광기전력 효과에 의한 것이다. 이 효과로 인해 포토다이오드의 PN접합에 역(逆)바이어스 전압을 인가한 상태에서 빛을 조사하면 빛의 입사량에 비례하는 역방향 전류가 흐르기 때문에, 전류를 통해 주변의 밝기를 검출할 수 있다.

포토다이오드에는 다양한 구조가 있지만, 그림 4-135는 집적회로 장치에 형성되는 대표적인 다이오드 구조이다. 이 구조에서는 N⁻애피택셜 영역을 P형 층으로 분리한 섬(島) 표면에 P⁺층을 확산해 PN접합 다이오드를 형성한다.

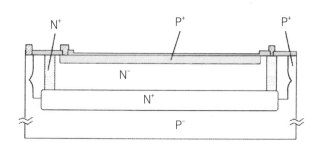

그림 4-135 집적회로 장치의 다이오드 구조

포토다이오드 표면에 빛에 조사하면, 실리콘 안에 입사된 빛은 빛 에너지가 실리콘의 밴드 갭 에너지 이상일 경우 그림 4-136의 에너지 밴드 그림에서와 같이, 결정 속의 전자를 가(價)전자대에서 전도대로 들떠(勵起) 전자와 정공(正孔)의 쌍을 생성한다. 이 중 PN 접합부 양쪽에 생성되어 있던 공핍층의 P형 영역에서 생성된 전자는 공핍층 전계에 의해 옮겨가 N형 영역으로 들어간다. 마찬가지로 공핍층의 N형 영역에서 생성된 정공은 각 영역에 있어 과도하게 이동하게 되고 이것이 광전류가 된다.

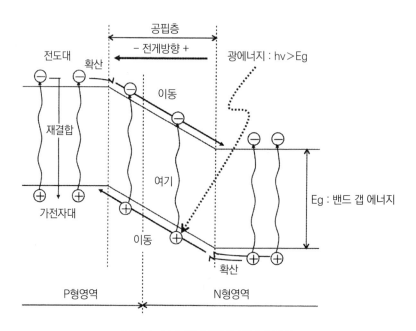

그림 4-136 PN접합의 에너지 밴드

공핍층 영역 외에서도 P형 영역의 전자 또는 N형 영역의 정공이 확산작용에 의해 공핍층 영역에 도달할 수 있으면 전계에 의해 이동해 광전류가 된다. 하지만 불순물 농도가 높은 영역이나 계면 부근에서는 재결합 준위(準位)가 많이 존재하기 때문에, 캐리어인 전자 또는 정공은 공핍층 영역에 도달하기 전에 재결합해 소멸될 확률이 높다. 즉 공핍층 부근에서는 대체로 캐리어의 확산거리 범위 내 영역이 광전류 발생에 기여하는 것으로 생각된다. 따라서 그림 4-135 같은 구조에서는 실질적으로 광전류 발생에 기여하는 것은 거의 PN접합 양쪽의 공핍층 영역과 불순물 농도가 낮은 N⁻영역이라고 할 수 있다.

② 포토다이오드의 파장한계

포토다이오드를 형성하는 반도체 재료에는 대표적인 실리콘 외에, GaP나 GaAs, GaAsP 등이 있다. 빛이 전류로 전환되기 위해서는 각각의 반도체 재료에 있어서 밴드 갭 에너지 이상의 여기(勵起)에너지가 필요하다. 밴드 갭 에너지가 작은 재료일수록 작은 에너지의 빛, 즉 더 긴 파장의 빛을 검출할 수 있는 것이다. 주요 광 반도체 재료인 밴드 갭 에너지와 검출 가능한 파장한계를 정리한 것이 표 4-23이다. 실리콘은 가시광 영역 (400~700nm)을 초과해 근적외선 영역(~1000nm 정도)까지 검출이 가능하기 때문에, 사람의 온도감각을 좌우하는 적외선 영역 검출이 요구되는 햇빛센서 기능으로서는 바람직한 재료라고 할 수 있다.

표 4-23 광 반도체 재료의 특성

재료	밴드 갭 에너지[eV]	검출파장 한계[nm]
Si	1.12	1100
GaAs	1.43	870
GaAs$_{0.6}$·P$_{0.4}$	~1.9	~650
GaP	2.25	550

③ 포토다이오드의 분광감도 특성

오토 라이트 센서의 기능은 사람의 눈과 같은 가시광선 영역의 감도가 요구된다. 포토다이오드의 광전류는 빛의 파장에 의존하는 감도특성을 갖고 있기 때문에 분광감도(分光感度) 특성이라고 부른다. 분광감도 특성은 센서 표면에서 입사된 빛이 센서 안으로 투과 분광감도 특성은 반도체 소자의 전기적 특성을 해석하는 센서시뮬레이터에 빛 조사 때의 전자와 정공의 움직임 해석 기능을 이용해 해석할 수 있다. 해석기술을 이용해 2가지의 다른 포토다이오드 구조에 대해 분광감도 특성을 해석한 예를, 센서의 모델과 함께 나타낸 것이 그림 5-137이다. 그림 좌측의 센서 구조는 그림 5-135에 있는 구조와 똑같다. 이 구조에서 단파장 쪽 감도가 떨어지는 것은 표면 부근에 수많은 재결합 준위 존재하거나, P^+층에 의해 재결합 확률이 높기 때문으로 사료된다. 장파장 쪽에서 감도가 떨어지는 것은 입사한 빛이 N^-영역을 투과해 아래 영역에 도달하기 때문으로 사료된다. 반면, 우측 그림처럼 실리콘 기판의 뒷면 부근까지 N^-층을 설치한 다이오드 구조는 장파장 쪽 감도가 높아지고, 감도 최대치도 장파장 쪽으로 옮겨가는 것을 알 수 있다.

분광감도 특성에 영향을 미치는 요인으로는 이외에도 포토다이오드 상의 절연막에 의한 표면반사가 있다. 절연막은 실리콘 산화막(SiO_2)에서 생성되는데, 공기의 굴절률이 1이지만 SiO_2의 굴절률이 약 1.46이고 실리콘의 굴절률이 약 3.5라 서로 다르기 때문에 포토다이오드의 분광감도 특성은 SiO_2 두께에 의존한다. 표면반사 영향을 최대한 받지 않도록 SiO_2막 두께를 최적으로 설계할 필요가 있다.

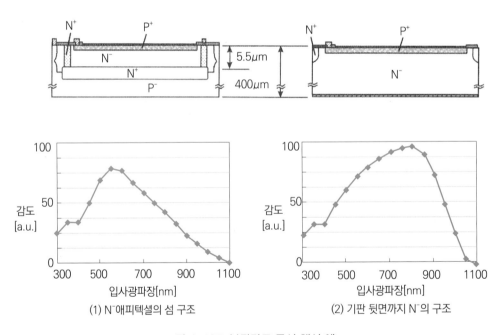

그림 4-137 분광감도 특성 해석 예

④ 신호처리 회로부분

라이트 센서는 그 주변의 신호처리 회로부분에도 독특한 구조를 갖고 있다. 신호처리 회로부분에도 조사되는 빛의 영향에 대한 대책필요하다. 빛의 영향에 대한 대책으로는 회로부분으로 빛이 조사되면, 포토다이오드 부분과 마찬가지로 광기전력 효과에 의해 광전류가 발생한다. 이것은 고온과 결정결함 등에 의해 발생하는 PN접합부의 누전전류와 마찬가지로 트랜지스터 등의 오작동을 일으킨다. 이것을 방지하기 위해서 라이트 센서는 배선용 Al막을 이용해 신호처리 회로부분 위쪽 전체에 Al막을 형성함으로써 빛을 차단하는 차광막으로 쓴다. 그림 4-134의 라이트 센서의 외관사진에서 주변의 얇고 검은 부분이 바로 Al차광막이다.

(4) 라이트 센서의 제조기술

라이트 센서의 제조과정의 중요사항은 빛이 입사되는 포토다이오드 표면의 절연막 형성과 그 아래의 P^+ 확산층 형성, 더불어 신호처리 회로부분의 차광막 형성 3가지이다. 그림 4-138은 라이트 센서 디바이스의 프로세스 과정과 단면개략도를 나타낸 것이다.

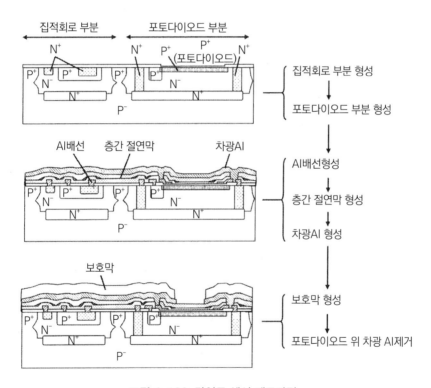

그림 4-138 라이트 센서 제조과정

포토다이오드 위의 절연막 두께가 제각각이면 빛의 간섭으로 인해 빛의 투과량이 달라진다. 그러면 포토다이오드의 광전류생성 영역에 도달하는 광량에 편차가 생기면서 포토다이오드의 특성 정확도가 떨어지게 된다. 이것을 피하기 위해서 포토다이오드의 절연막 두께를 높은 정확도로 형성하는 것이 필요하기 때문에 프로세서의 온도와 시간 관리가 중요하다.

절연막 아래의 P⁺확산층의 확산 깊이는 광전류생성 영역인 N⁻층의 두께를 결정하기 때문에 이것도 높은 정확도로 형성할 필요가 있다. 확산층은 이온 주입에 따른 불순물 도입과 열확산으로 깊이 편차가 아주 적은 확산층이 형성된다.

신호처리 회로부분의 위 차광막은 빛을 확실히 차단하기 위해서 막의 단(段) 단절이나 핀 홀이 없는 AI막의 증착형성이 필요하다. 또 AI막 위의 보호막 형성과 그 보호막과 AI 차광막을 포토다이오드 부분 위 등에서 제거하는 에칭 프로세스도 세심하게 관리되어야 한다.

(5) 라이트 센서의 신호처리 회로

라이트 센서는 자동 에어컨용 햇빛신호와 주변 밝기에 대응한 오토 라이트 제어용 신호를 각각의 시스템 요구에 맞춰서 출력할 필요가 있다. 햇빛신호 출력은 그림 4-139에서 보듯이 햇빛광량(조도)에 비례한 전류출력으로, 한 여름의 직사광선에 상당하는 10만 lx 조도까지 대응한다. 라이트 제어용 출력은 주변 빛의 조도에 맞춰서 정해진 직사각형파의 주파수 신호출력으로, 헤드램프와 테일 램프의 점등·소등 제어뿐만 아니라 DRL(Daytime Running Lamp)의 감광과 소등제어 또는 미터나 HUD(Head Up Display) 표시조도의 자동제어 등과 같이 여러 시스템에 대응하는 경우, 그림 4-140와 같은 굴절 특성을 가진 주파수 신호를 출력한다.

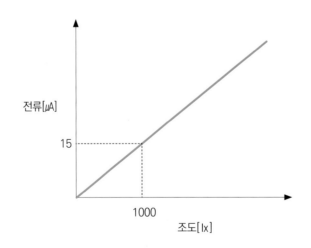

그림 4-139 햇빛센서의 출력특성 예

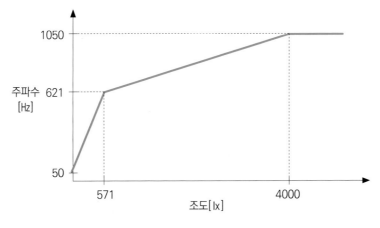

그림 4-140 라이트 센서의 출력특성

라이트 제어용 굴절특성은 먼저 조도가 0일 때 50Hz의 주파수를 출력한다. 이것은 신호선의 단선이나 쇼트 등과 같은 고장을 검출하기 위한 설정이다. 저(低)조도 쪽(0~571lx) 출력은 헤드램프나 테일 램프의 점등·소등제어에 사용되고, 고(高)조도 쪽(571~4000lx) 출력은 DRL의 감광·점등제어나 HUD의 표시휘도 제어 등에 사용된다. 라이트 제어에는 필요 없는 4000lx 이상의 조도는 출력이 포화되도록 한다.

(6) 라이트 센서의 패키징 기술

그림 4-133는 라이트 센서의 구조를 나타낸 것이지만 패키징 특징은 필터에 있다. 필터에는 2가지 기능이 있다. 한 가지는 필터의 분광투과율(빛의 파장에 대한 투과율)을 조절함으로써 라이트 센서에 요구되는 분광감도 특성을 실현하는 것이고, 다른 한 가지는 앙각특성을 달성하기 위해서 필터에 도광용 렌즈 기능을 부여하는 것이다.

라이트 센서의 분광감도 특성은 포토다이오드 부분의 분광감도 특성에 필터의 분광투과율을 곱한 것이다. 라이트 센서의 라이트 제어 기능 측면에서 보면 분광감도 특성으로 가시광 영역에서의 감도도 가져야 하기 때문에, 필터에는 가시광선 영역에서도 적절한 투과율을 가진 필터재질을 선정할 필요가 있다. 또한 햇빛센서 기능에 영향을 주는 근적외선 영역의 분광감도 특성에 관해서는 차량의 전면유리에 주의해야한다. 그 이유, 전면유리에는 햇빛으로 인한 열 부하를 줄이기 때문에 적외 영역의 투과율을 작되므로 적외선을 감퇴시키는 타입이 있다. 이런 전면 유리의 분광투과율 차이로 인해 라이트 센서의 감도가 크게 변화하는 분광감도 특성이 요구된다.

한편 앙각특성을 얻기 위해서 필터에는 프레넬 렌즈(Fresnel Lens)를 형성해 포토다

이오드 부분에 입사되는 빛의 강도를 입사각에 맞춰 조절할 수 있도록 한다. 그림 4-141
은 빛의 강도를 입사각에 맞춰 조절하는 원리를 나타낸 것이다. 그림처럼 포토다이오드
부분에 입사되는 빛을, 예를 들면 직각 위로부터의 입사광은 80%, 경사방향은 100%, 수
평방향은 50% 같은 식으로 도광특성을 변화시킴으로써 앙각특성을 조정할 수 있다. 이
런 프레넬 렌즈 설계는 광로 시뮬레이션을 이용해서 할 수 있기 때문에 그림 4-132과 같
은 라이트 센서의 앙각특성을 쉽게 설계할 수 있다.

라이트 센서의 패키징에서 또 하나 유의해야 할 사항은 센서를 덮고 있는 실리콘 젤이
다. 센서 위의 젤 두께로 인해 빛의 투과율이 변화하면서 출력전류에 영향을 끼친다. 그러
므로 젤 두께의 허용공차 설계와 제조할 때 그것을 만족할 만한 젤 양의 관리가 필요하다.

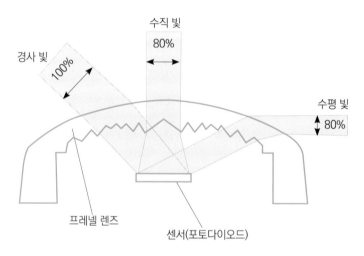

그림 4-141 프레넬 렌즈를 통한 앙각특성

3) 2방향 라이트 센서

쾌적성을 추구해야 하는 자동 에어컨에는 운전석과 조수석의 공기조절을 개별적으로
제어하는 좌우독립 공기조절 시스템이 있다. 이것은 햇빛이 차량 우측에서 비추는 경우,
햇빛을 받는 우측의 탑승객은 더위를 느끼지만 햇빛을 받지 않는 좌측 탑승객은 그다지
더위를 느끼지 않는다. 이런 상황에서 통상적인 자동 에어컨은 햇빛에 의한 온도보정을
하기 때문에 차량실내 전체의 온도가 내려간다. 그러면 햇빛을 받는 쪽 탑승객은 쾌적해
지지만 햇빛을 받지 않는 쪽 탑승객은 공기조절이 과도하다고 느끼게 된다. 이런 상황까
지 포함해 좌우 탑승객의 온도감각 차이에 맞춰서 공기조절을 제어하는 것이 좌우독립

공기조절 시스템이다.

좌우독립 공기조절 시스템을 성립시키기 위해서는 종래의 앙각특성 외에, 좌우 어느 방향에서 햇빛이 드는 지를 검출할 수 있는 2방향 검출의 햇빛센서가 필요하다. 2방향 햇빛센서 기능과 라이트 제어 기능을 집적한 것이 2방향 라이트 센서이다.

그림 4-142은 2방향 라이트 센서의 모습이다. 포토다이오드 부분은 중심의 원형부분과 그 바깥쪽의 링 형상으로 분할된 부분으로 이루어져 있고, 링 부분은 다시 가운데와 좌우로 3분할되어 있다.

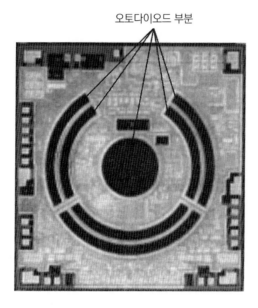

그림 142 2방향 라이트 센서

센서 윗부분에는 그림 4-143에서와 같이, 가운데 부분 빛만 투과시키는 차광판이 배치된다. 햇빛의 좌우 방향검출은 차광판을 통과해 센서로 입사되는 빛의 편중을 좌우로 분할된 포토다이오드 부분의 수광량 차이에 의해 검출된다. 한편 앙각특성은 그림 4-144과 같은 회로구성을 이용해 실현된다. 가운데 부분과 링 형상의 포토다이오드 부분의 수광량에 비례해 출력되는 광전류에 각각 가중치를 부과한 다음 연산처리를 통해 앙각특성을 얻는 것이다.

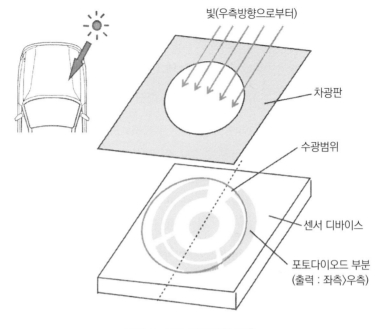

그림 4-143 **좌우방향 검출**

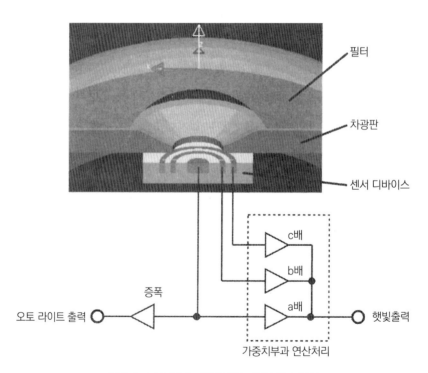

그림 4-144 **앙각특성을 얻는 기본회로 구성**

6 차량용 반도체 센서 전망

1) 자동차의 진화와 센서의 융합

자동차의 진화는 환경과 안전성과 쾌적성이라고 하는 3가지 큰 방향성에 따라 진행된다. 3가지 방향에 대해 앞으로 어떻게 진화해 나갈 것인가, 그리고 차량용 반도체 센서에는 어떤 필요와 요구가 발생할지에 대해 살펴보겠다.

(1) 환경에 대한 대응

과거에도 큰 문제였고, 지금도 개선이 계속되고 있는 배출가스 규제, 앞으로는 지구온난화, 에너지 문제가 심각해지면서 자동차에는 저탄소화 사회에 대한 대응이 더 한층 강하게 요구되고 있다. 일본은(대한민국에 대한 정보로 대체가 필요해 보입니다.) CO_2 배출량 중 운수부문의 CO_2 배출량 상황은 그림 4-145에서 보듯이 약 20%를 차지한다. 전체 자동차가 차지하는 비율은 그림 4-146와 같이 승용차에 화물차, 버스, 택시를 포함했을 때는 약 88%이다. 따라서 연비 향상이나 연료를 석유자원에만 의존하지 않고, 자동차 에너지원을 다양화하는 것이 차세대 자동차 개발에 있어서 막대한 과제가 아닐 수 없다.

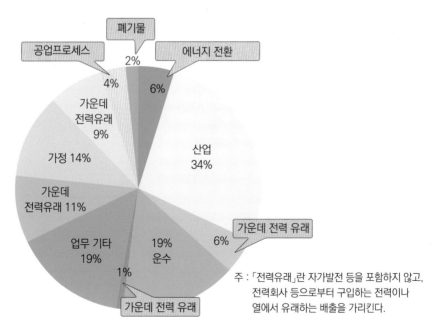

주 : 「전력유래」란 자가발전 등을 포함하지 않고, 전력회사 등으로부터 구입하는 전력이나 열에서 유래하는 배출을 가리킨다.

그림 4-145 본의 CO_2 배출량 부분별 내역

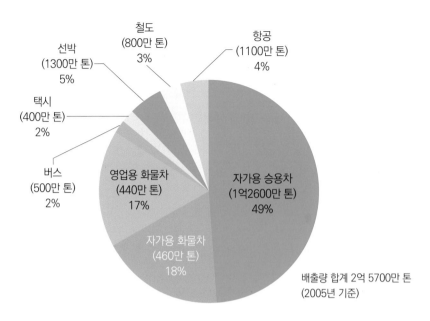

그림 4-146 운수부문 CO$_2$ 배출량의 운송기관별 내역

연비에 대해서는 그림 4-147에서와 같이, 각국에서 CO$_2$ 규제가 도입되고 있어서 대략 5년에 20% 정도의 연비향상이 필요하다. 이런 환경규제로 전기 자동차의 도입과 적용을 위한 준비가 대대적으로 이뤄지고 있는 상황이다.

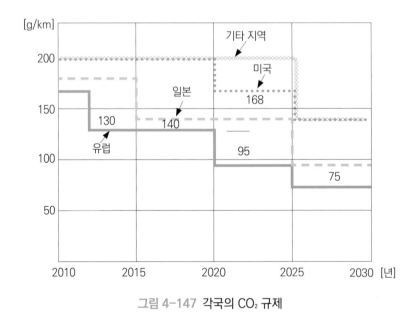

그림 4-147 각국의 CO$_2$ 규제

이에 대응하기 위해 환경 부담이 적고, 에너지 절약에 공헌할 수 있는 환경대응 시스

템 개발이 진행되고 있다. 이런 시스템 동향과 센서의 대응에 대한 로드맵 한 가지 사례를 나타낸 것이 표 4-24이다. 현재 자동차 동력원의 주류인 내연기관 가운데, 먼저 가솔린엔진은 희박연소나 실린더 내에 직접 연료를 분사하는, 이른바 직접분사 엔진의 연료분사 압력 고압화와 고효율 과급을 통해 엔진의 다운사이징(소배기량화)이 즉각적 연비 향상 기술이라고 할 수 있다. 또 아이들링 스톱 시스템이 더욱 폭넓게 채택되면서 그에 맞는 엔진제어나 기구 개량이 진행되었다. 이런 상황에 대응하여 엔진제어용 센서는 연료압 센서의 고압화나 터보압 센서의 친환경적인 발전이 요구된다. 더 정밀한 연료분사 제어와 연료제어를 위해 크랭크각 센서의 더 뛰어난 정확도나 더 작고, 사용하기 쉬운 연료압 센서 개발이 필요하다. 특히 연료압 센서는 실린더 내에서 연소할 때뿐만 아니라, 흡기 때의 압력 등도 측정할 수 있도록 다이내믹 레인지를 확대함으로써, 요컨대 연소압 센서로부터 실린더 내부압력 센서로의 진화도 필요해 보인다.

표 4-24 환경대응 시스템 동향과 센서의 대응

가솔린	화학량론(Stoichiometry)연소	린번연소	예비혼합·성층연소
	직접분사 / 과급 / 마일드 스톱		
디젤	커먼레일 180MPa	200MPa	예비혼합·성층연소
하이브리드 자동차 전기자동차	HV	EV PHV	FCEV
연료	석유	바이오메탄올(FFV)	수소
	천연가스	전력	

센서의 대응	■ 높은 압력 내구성(연료압력·커먼레일압력) ■ 환경 친화성 패키지(고온·배기가스·연료) ■ 고감도·고정밀도(회전·전류) ■ 용도확대(실린더 내부압력·연료 성질과 상태·배터리 상태)

한편 디젤엔진은 연비가 좋고, CO_2 배출량이 적다는 이점 때문에, 유럽시장에서 확립된 지위를 바탕으로 북미시장으로까지 확장 기대를 모으고 있다. 디젤엔진의 연료분사는 배출가스 정화나 소음저감에 필요한 다단분사나 포스트 분사가 가능한 커먼레일 시스템을 바탕으로, 최고 분사압력 한계에 계속 도전할 것으로 예상된다. 따라서 커먼레일 압력 센서도 더 뛰어난 압력 내구성이 필요하다. 또한 배출가스 후처리 시스템은 입자상 물질

(PM)을 크게 줄일 수 있는 DPF시스템의 보급·확대가 진행되고, 배출가스 압력센서에는 친환경적이며, 저렴한 가격이 요구된다.

내연기관에는 CO_2 배출량 절감과 자원보호 측면에서 연료의 탈석유화, 즉 천연가스 엔진이나 바이오연료, 전기에너지 등 에너지원의 다양화도 요구된다. 이 중 바이오 에탄올과 가솔린 혼합연료에 대응하는 FFV(Flexible Fuel Vehicle)가 있는데, 에탄올 혼합 비율이나 엔진기능을 저해하는 물질을 검출하기 위해 높은 정확도의 신뢰성 있는 연료 성질·상태 센서의 개발이 필요하다.

동력원으로 내연기관을 이용하는 기존 차량과 달리 모터도 구동원으로 사용하는 하이 브리드 자동차(HEV)가 보급되고, 더 나아가 에너지원으로 석유연료뿐만 아니라 전기에 너지도 이용하는 플러그인 하이브리드 자동차(PHV), 전기 자동차도 보급되고 있다. 그림 4-148는 자동차 주행에 이용되는 구동원과 에너지원의 관계를 정리한 것이다. 현재 자 동차의 주류인 가솔린차나 디젤차 같은 내연기관 자동차(ICEV : Internal Combustion Engine Vehicle)는 에너지원으로 석유연료를 이용해 내연기관(ICE)을 동력원으로 주행 한다. 한편 ICEV보다 오랜 역사를 갖고 있는 전기자동차(EV)는 전기에너지를 이용해 모 터로 주행한다. 하이브리드 자동차(HEV)는 동력원으로 내연기관과 모터를 겸용하다가 상황에 따라서 구분해서 주행하지만, 에너지원으로 사용되는 것은 석유연료뿐이다.

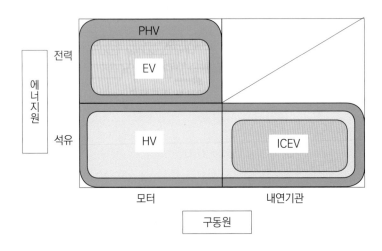

그림 4-148 자동차 주행에 이용되는 구동원과 에너지원

이와 다르게 플러그인 하이브리드 자동차(PHV)는 상황에 따라 내연기관이나 모터를 사용해 주행하고, 주행을 위한 에너지원도 석유연료와 전기에너지 양립하여 활용할 수

있다. PHV는 EV와 마찬가지로 태양광 발전이나 풍력발전, 원자력발전 등을 통한 전기에너지를 이용할 수 있기 때문에 CO_2 배출량 감소에 효과적임과 동시에, 탑재 배터리의 충전량이 떨어졌을 경우는 엔진을 가동해 HV로 주행할 수 있어서 EV의 친환경성과 HEV의 편리성을 겸비한 차라고 할 수 있다.

PHV나 EV 등 전기에너지를 연료로 하는 전동차량은 리튬이온 전지 등과 같이 탑재하는 배터리의 성능향상과 영구자석 모터나 희토류 원소(Rare Earth)를 사용하지 않는 영구자석 계열 모터(유도모터 등)의 모터기술 진화를 바탕으로 보급기에 접어들고 있다. 이에 대응하는 센서기술로는 모터의 정밀제어를 위한 회전센서와 배터리의 과충전 및 과방전을 방지하기 위해 세밀한 상태관리와 전류센서의 고감도화, 고정밀도화가 필요하다. 배터리의 전압이나 전류뿐만 아니라 열화상태 등을 직접 검출할 수 있는 배터리상태 센서가 개발되고 있다.

(2) 안전성 향상

전 세계적으로 연간 100만 명 이상이 교통사고로 사망한다는 통계도 있다. 이런 교통사고는 큰 사회적 문제로서, 교통사고로부터 많은 사람을 보호하기 위해서 자동차의 안전시스템을 진화시키는 일은 자동차가 만들어진 이후 영원한 과제라 할 수 있다.

자동차의 안전시스템은 크게 운전지원과 안전사고 예방, 충돌안전 3가지로 나뉜다. 이 3가지 분야를 대표적 안전시스템과 함께 통상적인 운전에서 위기회피와 사고에 이르기까지의 시간별로 정리하면 표 4-25와 같다. 즉 안전시스템은 위험에 다가가지 않도록 그리고 위험한 상태가 되지 않도록 하기 위한 통상운전에서의 운전지원부터 시작해, 뜻밖

표 4-25 자동차의 안전시스템

통상운전	위험회피	사고 불가피 충돌 사고발생		
운전지원	예방안전	충돌안전		
ACC	ABS	PCS	에어백	긴급통보
AFS	TCS		실트벨트	
LKA	ESC		보행자 보호	
야간 전방시야 지원	VDIM			
후방감시 모니터				

에 갑작스러운 위험을 회피하기 위한 안전사고 예방 그리고 불가피하게 사고가 발생했을 때 가능한 한 피해를 최소화하기 위한 충돌안전으로 구성된다. 한편 안전시스템에 대한 개발 역사는 이런 흐름과는 반대로, 충돌안전의 대표적 시스템인 에어백을 시작으로 예방안전의 초석이 된 ABS를 거쳐 ACC 등과 같은 운전지원 시스템이 개발되었고, 현재도 계속해서 진화된 기술들이 등장하고 있다. 앞으로 이런 각 분야가 어떻게 개발되어 나갈 것인지에 대해 표 4-26과 같이 정리해 보았다.

표 4-26 안전시스템의 동향과 센서의 대응

충돌안전	탑승객 보호 다양화	보행주 보호	
	PCS		
안전사고 예방	ABS		전방위 감시
	TCS		
	ESC	VDIM	운전자 상태 검출
운전지원	후방시야 지원	야간시야 지원	전방위 시야 지원
	ACC	AFS	
		LKA	인프라 협조

⬇

센서의 대응	■ 고도화된 통신기능(전선 간편화·무선화) ■ 빠른 충돌감지(빠른 응답·레이더 카메라) ■ 주변 인식(센서퓨전·액티브 센싱) ■ 탑승객 인식(위치·곁눈질·졸음운전·음주운전) ■ 뛰어난 정밀도의 조작량, 작동량 감시(회전·위치·압력)

① 충돌안전 시스템

충돌안전은 탑승객 보호와 보행자 보호로 나뉜다. 탑승객 보호의 대표적인 것은 에어백이나 안전벨트이다. 에어백 시스템은 다양한 충돌형태에 대응하기 위해서 빠르게 확대되어 지금은 1대당 10개 이상의 에어백을 갖춘 차도 많다. 에어백으로 인해 탑재되는 센서도 많아져, 센서와 ECU 사이의 배선수량 증가에 대한 대응이 요구된다. 그러므로 센서에는 다중통신이나 전선 간소화 통신, 나아가 무선통신 등 고도화된 통신기능의 내장이 필요하다.

에어백 시스템 센서에 요구되는 또 한 가지 동향으로, 충돌판정의 시간단축이 있다. 기존 가속도센서의 빠른 응답외에, 가속도 이외의 충격량 검출을 통한 더 빠른 충돌감지가 필요한 것이다. 여기에 대응한 사례로 충돌감지용 압력센서나 전면충돌 감지용 음향센서가 있다. 측면충돌은 충돌부위와 탑승객과의 거리가 가깝기 때문에 가능한 더 빠른 감지가 요구된다. 도어 안에 압력센서를 설치하면 도어의 충격에 따른 도어 내 압력변화를 포착할 수 있으므로, 도어가 밀려들어오면서 가해지는 충격력을 감지하는 가속도센서보다 더 빠른 충돌감지가 가능하다. 음향센서는 전면충돌에서 차체가 변형되기 전에 발생하는 특정한 소리의 주파수를 감지하는 것으로, 특히 차량 전방의 충격흡수 스트로크가 짧아지는 소형차에서 채택하는 사례가 많다.

더 빠른 충격감지와 충돌을 검출하고, 작동하는 에어백 시스템과 달리, 충돌할 것 같은 상황을 사전에 감지해 탑승객 보호에 필요한 장비를 충돌에 대비해 미리 가동시키는 시스템도 실용화되고 있다. 이런 시스템을 PCS(Pre-Crash Safety System)라고 하며, 자율주행 자동차와 맞물려 근래에 크게 발전하고 있다(그림 4-149).

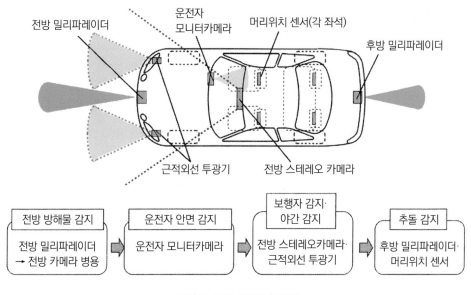

그림 4-149 PCS의 발전

당초 PCS는 밀리파 레이더로 전방 경로 위의 장해물을 감지해서 충돌 위험이 있을 때 먼저 알람으로 알리고, 충돌을 피할 수 없다고 판단되면 브레이크 어시스트 및 시트벨트 감기 등을 실행함으로써 충돌 후의 피해를 줄여주는 시스템이었다. 이후 전방 카메라의 병용에 따른 장해물 감지능력 향상과 더불어, 운전자 모니터카메라로 운전자의 안면을 감지해 정면을 향하고 있지 않을 때는 더 빠른 타이밍으로 경보하는 시스템으로 발전했다. 스테레오 카메라를 통해 입체인식 정보를 부여해 보행자까지 감시하고, 근적외선 투광기를 통해 야간 감지도 가능하다. 또 후방 밀리파레이더 감시를 통해 후방차량의 접근을 감지함하여 추돌 위성성이 있을 때 비상등을 점멸시켜 후방 차량에 주의를 환기하는 동시에, 헤드 레스트에 내장된 센서로 탑승객 머리 위치를 검출해 헤드 레스트를 적절한 위치로 이동함으로써 부상을 최소화하도록 발전하고 있다.

앞으로도 탑승객 보호시스템은 다양한 충돌형태에 대한 대응이 확장될 것으로 예상되는데, 대응하는 레이더나 카메라 등을 통한 주변인식 기술 향상과 탑승객을 더 쾌적한 상태로 보호하기 위해 탑승객의 체격, 위치, 거동 등을 검출하는 탑승객 인식 센서 개발이 더 가속화될 것이다.

한편 보행자 보호에 있어서는 팝업 후드 시스템이 실용화되었다. 팝업 후드 시스템은 엔진과 보닛 후드와의 간격을 충분히 확보하기 어려운 차량에 있어서, 전방 범퍼에 배치한 가속도센서 등으로 보행자와의 충돌을 감지해 보닛 후드의 끝을 들어올리는 시스템이다. 이렇게 함으로서 후드가 낮은 차량 디자인을 유지하면서 보행자와의 충돌 시 후드와 엔진 간격을 확보해 보행자 머리 쪽 충격을 완화시킬 수 있다.

이 뿐만 아니라 보행자 보호용 에어백 시스템도 개발 중이다. 그림 4-150에서와 같이, 보닛 후드에서 터지는 후드 에어백이나 프런트 그릴에서 터지는 그릴 에어백 등이 있다. 후드 에어백은 보행자의 머리가 전방 필러 부분 등에 부딪칠 때의 충격을 완화하고, 그릴 에어백은 어른의 허리나 아이의 머리 부분 충격을 완화하기 위한 것이다. 이런 팝업 후드 시스템에서는, 레이더나 카메라 등을 통해 더 빠른 보행자와의 충돌감지가 요구된다.

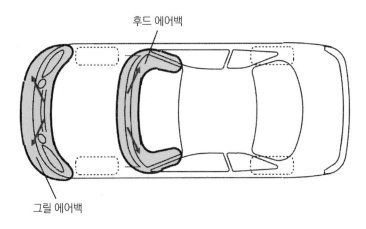

후드 에어백

그릴 에어백

그림 4-150 보행자 보호용 에어백

② 안전사고 예방 시스템

안전사고 예방 분야는 ABS와 TCS, ESC 등과 같은 기존 안전사고 예방 시스템을 한 가지 시스템을 통합 제어함으로써, 이상적인 차량운동 성능과 더 높은 안전성을 지향하는 방향으로 나아가고 있다. 그런 시스템 가운데 한 가지 사례가 UCC(Unified Chassis Control)라고 하는 시스템이다. VDIM은 그림 4-151에서와 같이, 엔진과 브레이크, 스티어링 등 각각 단독으로 제어했던 기능을 통합해서 제어하는 시스템이다. 액셀레이터와 스티어링 브레이크 조작량을 통한 운전자의 조작의사와 차량 움직임과의 차이를 산출해 자동차가 미끄러지기 전부터 앞바퀴의 조향각도와 브레이크, 스로틀을 제어함으로써 차량의 움직임을 안정화시키는 것이다.

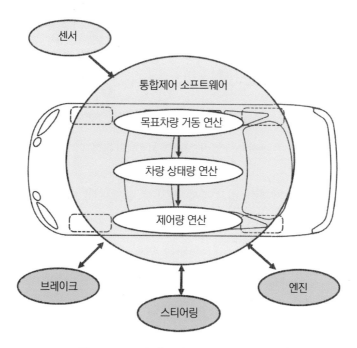

그림 4-151 UCC(Unified Chassis Control)

이 VDIM처럼 차량의 전자제어 시스템은 독립적으로 제어되었던 시스템이 통합하는 동시에, 시스템을 네트워크화해 각 시스템 간 서로 협조해 제어하는 방향으로 나아가고 있다. 차량 의 제어 뿐만 아니라 차량 밖의 인프라와 연계한 통합제어도 고려하여 발전하고 있으며 자율주행으로 가기 위한 필수 요건이 될 것이다. 이런 전자제어 시스템 동향을 개략적으로 정리한 것이 그림 4-152이다. 통합제어와 협조제어로 각 시스템 사이에서는 많은 신호를 주고받아야 하고, 센서에서 오는 신호도 많은 시스템을 공유한다. 이런 신호들은 1대 1 와이어 연결이 아니라 LAN통신하는데, 차량 내 LAN은 더 고속화되고 외부와의 통신연계도 이루어지고 있다. 이에 대응해 센서에 대한 통신기능 내장이 점점 많아질 것으로 예상된다. 나아가 이런 움직임은 센서에 마이크로프로세서를 내장하는, 즉 센서의 스마트화로 진행 중에 있다.

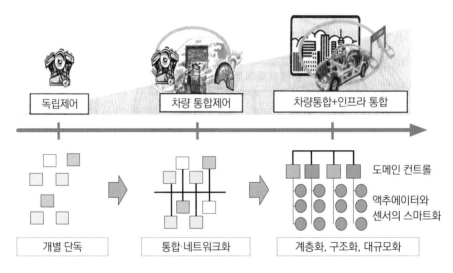

그림 4-152 전자제어 시스템의 동향

X-by-Wire라고 하는, 기계식 링크에서 전자식 링크로의 이행은 스티어링이나 브레이크, 스로틀 등에서 이미 이루어지고 있다. 이로 인해 운전자의 조작량 검출이나 액추에이터 작동량 감시 그리고 피드백을 위한 회전과 위치, 압력 등의 정확성과 신뢰성이 높은 센서의 중요성이 점점 높아지고 있다.

안전사고 예방의 또 한 가지 중요한 개방항목은 운전자의 상태인식, 즉 운전자 모니터링이다. 운전자 상태를 검출하는 모니터링 기술과 운전자에게 수고나 위화감을 주지 않고 적절한 지원, 경보를 보내는 HMI(Human Machine Interface) 기술 개발이 활발하다. 이를 통해 곁눈질 검출, 졸음운전 검출, 음주운전 검출 등이 이루어진다. 심지어는 운전자의 컨디션, 의식, 의도까지 감안한 센싱기술도 개발 중이다.

③ 운전지원 시스템

자동차 운전은 인지 → 판단 → 조작(제어) 순으로 이루어진다. 안전운전은 각각의 순서에서 오류가 발생하지 하지 않게 하는 것이다. 또 사고가 일어나지 않도록 정보에 대한 적절한 인지가 필요하다. 인지를 지원하는 시스템으로는 AFS(Adaptive Front

Lighting System)라는 것이 있는데, 차량을 회전할 때 헤드라이트의 광축을 조향방향에 맞춰서 자동으로 제어하는 시스템이다. 또 나이트 뷰 또는 나이트 비전이라고 불리는 시스템은 야간의 전방 시야를 적외선카메라로 지원하는 시스템이다. 조작을 지원하는 시스템으로는 레이더로 전방을 감시하면서 일정한 속도로 주행하다가 앞쪽에 주행하는 차량이 있을 때는 브레이크를 제어해 적절한 차간거리를 유지하는 ACC(Adaptive Cruise Control), 전방 카메라로 차선을 인식해 고속도로나 급 커브가 없는 자동차 전용도로 등에서 차선을 이탈하지 않도록 경보나 스티어링 조작을 보조하는 LKA(Lane Keeping Assist) 등과 같은 시스템도 실용화되었다.

앞으로 운전지원 시스템은 시야확보와 인지에 필요한 주변정보를 제공하기 위해 비가 올 때나 안개가 낀 날씨 등의 악조건 하에서 시야를 보조하는 기술 및 차량주변의 모니터링 시스템 등을 통해 장해물이나 보행자를 인식해 경보하는 시스템 등도 실용화되고 있다. 이런 기술들에 대응해 주변인식 센서가 활발히 개발되고 있는데, 이 분야에서는 성능향상이나 보급 확산을 위한 저렴한 센싱 하드웨어 자체 개발 외에도 센서 퓨전이나 액티브 센싱 같은 다양한 기술이 빠르게 이루어지고 있다.

또한 센서 퓨전이란 여러 센서의 정보를 상호보완적으로 이용하거나, 그것들을 연산처리 등을 통해 정리된 정보로 유출하는 방법을 말한다. 주변인식에는 레이더나 카메라, 초음파 등과 같은 센서가 이용되지만 각각 장단점이 있어, 이것을 융합(Fusion)해 더 높은 인식성능을 얻으려고 해야 한다.

액티브 센싱은 인식에 앞서 탐색행동을 도입함으로써 센싱 성능을 향상시키는 방법이다. 센서와 액추에이터를 조합해 센서출력이 커지도록 액추에이터를 구동하는 방법이나 대상물에 대응해 센서 특성을 변화시키는 방법이 있다. 예를 들어 일반적으로는 레이더를 광각으로 스캔해 대상물을 감지했을 경우, 스캔을 좁혀 공간분해능을 높인다거나, 대상물의 밝기를 통해 카메라의 다이내믹 레인지를 변화시켜 장해물이나 교통표지에 대한 인식 정확도를 높이는 것이다.

지금까지 설명한 운전지원 시스템은 차량 쪽이 스스로 얻는 정보에 기초해 지원하는 자율형 운전지원 시스템이지만 이것만으로는 방지하지 못하는 돌발적 사고 등에 대응하기 위해서는 도로·차량 간 통신이나 차량·차량 간 통신, 심지어는 보행자와 차량 간 통신까지 이용하는 인프라 협조형 운전지원 시스템이 개발되고 있다. 그로 인해 인프라 쪽에도 차량이나 보행자를 감지하는 센서나 노면의 동결 등 다양한 환경을 검출하는 노면

상황 센싱 기술도 개발되고 있다.

(3) 쾌적성 추구

자동차의 쾌적성에는 다양한 관점이 있다. 운동 성능이나 조종 안정성, 승차감 같이 차를 운전하는 즐거움부터, 목적지에 관한 정보를 얻고, 가능한 빠르고 즐겁게 목적지까지 이동할 수 있는 기동성, 이동하는 공간으로서의 쾌적한 실내환경, 음악이나 영상 등을 즐기는 실내 엔터테인먼트, 기기의 번거로운 조작으로부터의 해방, 주차운전 조작 지원을 통한 부분적 자율주행에 이르기까지 다방면에 걸쳐 있다. 이 중 환경과 안전에 관한 반도체 센서의 요구와 다른 차량실내 환경 제어와 조작기기의 HMI에 대해 살펴보겠다.

① 차량실내 환경제어

차량 실내 환경의 쾌적성은 주로 온도와 공기질로 나뉜다. 온도 제어는 운전석과 조수석 좌우를 독립적으로 제어하는 공기조절 장치나, 앞좌석과 뒷좌석을 나누어 4좌석을 독립적으로 온도 제어하는 존(Zone) 공기조절이 실용화되고 있다. 또 탑승객의 온열상태를 직접 검출할 수 있는 적외선 온도 센서를 이용하는 시스템에서는 차량의 여러 곳의 온도를 부분적으로 독립해서 감지할 수 있는 매트릭스형 적외선 온도센서를 사용해, 뒷자리 좌·우의 위·아래 2곳과 가운데 부분의 위·아래 2곳씩 총 6군데의 온도를 검출해 4석 독립공조와 뒷좌석용 쿨러를 제어하는 시스템도 있다.

또 이런 공조 분출구의 공기온도나 풍량의 정밀한 제어뿐만 아니라, 탑승객이 앉았을 때 직접 닿는 시트를 온도 조절하는 시스템 채택도 확대되고 있다. 시트 온도는 서모스탯 또는 서미스터 제어를 통한 시트 히터가 이용되며, 냉각에 대해서는 시트 공기조절이라고 불리는 시스템이 있다. 시트 공기조절에는 차량실내의 공조장치로 온도 조절된 공기를 시트 내부로 유도해 시트 표면의 미세 구멍에서 불어내는 방식과 펠티에소자 등으로 시트 안에 흡입하는 공기를 냉각해 시트 표면부터 불어내는 방식이 있다. 펠티에소자란 다른 2종류의 금속 또는 반도체를 2가지 지점에서 접합한 것에 전류를 흘리면 한 쪽 접점이 차가워지고, 다른 한 쪽 접점이 따뜻해지는 펠티에효과로 불리는 현상을 이용한 열전(熱電)소자로서, 열전대 제베크효과와는 정확히 반대되는 현상이다. 시트를 온도 조절하는 시스템은 실내 공조보다 탑승객과의 전열효과가 좋기 때문에 에너지를 절약하는 동시에, 각 탑승객에 대한 개별 제어성도 뛰어나다. 그러므로 기존의 보조적 장치에서 주요한 공기조절 장치로 자리하고 있다.

온도 제어는 실내 공기조절과 시트 온도 조절을 조합한 독립 컨트롤의 세분화가 진행되고, 탑승객의 상황에 맞춰서 온도환경을 각각 제어하는 개인 공기조절로 발전해가고 있다. 이에 따라 적외선온도 센서 채택이 더 확산되고 있다고 볼 수 있다.

공기질 향상은 불쾌한 물질의 제거, 쾌적성을 향상시키는 유효성분 유지, 제공이라고 하는 2가지 관점이 있다. 불쾌한 물질의 제거에는 공기조절 장치에 꽃가루 등과 같은 알레르기 물질의 제거, 제균, 탈취 등의 기능이 포함된다. 또 그림 4-153에서와 같이, 다른 차의 배출가스 성분 유입을 배출가스 센서로 검출한 다음, 공기조절 장치의 내·외부 공기전환을 자동으로 해주는 공기조절 시스템도 실용화되었다. 유효성분 유지나 제공에 대해서는 차량실내의 습도제어나 산소부화(富化) 장치 등이 있어서, 차량실내의 CO_2 농도 감지를 통한 내부공기 순환 제어나 졸음운전 방지를 위한 향기 방출 등의 기술도 실용화되어 있다. 이런 공기질 향상 기술에는 필터 기술 등과 함께 가스 센서 기술을 빼놓을 수 없다. 자동차 배출가스 성분인 CO, HC, NO_2의 농도증가로 인해 집중력 등에 영향을 끼치는 CO_2 등을 감지하는 가스센서가 개발되었다.

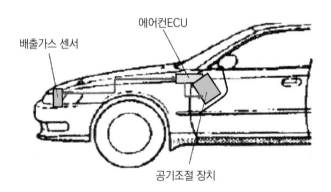

그림 4-153 내·외부 공기 자동 전환 공기조절 시스템

② **기기조작 HMI기술**

자동차는 달리고, 돌고, 멈추는 운전조작 외에, 공기조절이나 오디오 및 내비게이션 등의 기기조작과 같이 다양하게 조작할 스위치가 많다. 이에 따라 종래의 스위치나 터치 패널 대신에 다이얼식 조작, 스위치, 스티어링 근처의 노브 조작을 통해 컴퓨터 마우스처럼 패널 상 포인터를 움직이는 리모트 터치 방식 등도 사용되고 있다. 또 일부에서는 음성입력을 병용하는 방식도 채택 중이다. 이런 조작에는 고령 운전자 증가라는 차원에서도 운전조작을 방해하지 않는 더 간단한 HMI기술이 요구되는데, 음성인식이나 제스처 입력

을 사용하는 대화형식의 조작 등이 있다. 여기에 대응해 센서의 지향성, 음성식별 기능이 뛰어난 마이크로폰 또는 머리나 손가락 움직임을 검출하는 모션 센서 등이 사용되고 있다.

2) 차량용 반도체 센서기술의 동향

차량용 반도체센서 기술이 지향하는 방향을 센서기술, 신호처리 회로기술, 패키징 기술로 나누어 간단히 살펴보겠다. 또 각 센서들이 자율주행 자동차와 맞물리면서 융합되어 가는 센서 퓨전도 간단히 살펴보겠다.

(1) 센서 기술

실리콘을 바탕으로 하는 센서 기술은 크게 3가지로 나눌 수 있다. 첫 번째는 실리콘 반도체가 가진 센서로서의 물성을 이용하는 디바이스로, 홀효과를 이용한 회전센서나 광기전력 효과를 이용한 포토다이오드가 여기에 해당한다. 두 번째는 실리콘의 뛰어난 기계적 물성과 MEMS기술에 의한 미세한 구조체 형성을 활용한 역학량(力學量) 센서, 다이어그램 구조에 따른 압력센서나 빗살구조를 가진 가속도센서가 대표적이다. 세 번째는 집적회로 제조 기술을 이용해 실리콘 기판 상에 센싱 기능을 가진 금속이나 유기재료의 박막을 형성한 박막 센서로, 자성금속 박막을 이용한 MRE방식의 회전센서. 서모파일방식의 적외선온도 센서 또는 이온성 폴리머를 이용한 습도센서 등이 있다.

첫 번째의 실리콘 반도체 물성을 이용한 센서는 포토다이오드를 바탕으로 하는 이미지 센서가 안전제어 분야에서의 주변인식이나 탑승객 상태 인식 등과 같은 화상인식 센서로 많이 사용된다. 이미지 센서는 디지털 카메라 등의 민간분야에서 축적된 기술에 차량용으로 활용하며 신뢰성과 내구성을 부여해 감도와 다이내믹 레인지의 성능향상과 보급을 위한 가격 경쟁력을 갖추며 큰 영향을 미쳤다.

두 번째의 역학량 센서는 실리콘 기판 내에 캐비티를 만들어 넣은 Si용량 방식의 압력센서, 가속도센서, 각속도센서의 높은 신뢰성과 정확도로 검출방향 다양화를 양립시킨 고도의 모션센서가 활용중이며, MEMS 기술의 발전이 지속되고 있다. 또 휴대전화 분야 등에서 많이 사용되는 MEMS 마이크로폰이 중요 HMI기술로 자리하는 음성인식에서 빼놓을 수 없는 디바이스로 자리하고 있다.

세 번째의 박막 센서는 다양한 기능성 박막으로 이용되고 있다. 고감도 회전 또는 위치센서로서의 TMR소자 이용 또는 알코올 감지나 가스센서 등과 같은 화학량 센서로서, 식별감도가 높고 내구성도 뛰어난 박막재료가 개발되어 있다. 화학반응은 온도에서 속도를 제한하기 때문에, 마이크로 히터와 온도감지 소자로 높은 작동온도를 낮은 소비전력으로 정확하게 제어할 수 있는 박막구조로 화학량센서에 적합하여 용도가 확대되는 분야이다.

여기에 더해 압전효과나 정전기력, 전자유도 작용 등을 이용한 마이크로 액추에이터와 센서 의 조합을 통해 액티브 센서가 사용 폭을 넓히고 있다. 여기에도 MEMS기술이 크게 기여하고 있다.

(2) 신호처리 회로기술

센서의 신호처리 회로기술은 신뢰성과 정확도 높은 연산증폭기의 아날로그 회로부터 화상처리용 고속 마이크로컴퓨터 등의 대규모 디지털 회로에 이르기까지 폭넓은 기술이 필요하다. 신호증폭은 옵셋 전압의 온도 이동이 적은 안정적인 연산증폭기가 요구된다. DSP(Digital Signal Processor)를 통한 디지털 조정이 많이 이용되고, 고속에서 정확성 높은 AD변환 회로기술이 중요하다.

전자제어 시스템의 증가와 그에 따른 시스템의 네트워크화, 계층화에 대응하기 위해 센서 선의 간소화, 스마트화를 빼놓을 수 없는 통신기술, 센서에 적합한 통신기술 등이 빠르게 발전되고 있다. 이뿐만 아니라 타이어 공기압 센서에서 이미 사용 중인 무선 데이터 통신도 운전자가 몸에 붙이는 웨어러블 센서, 액추에이터 움직임을 감시하는 센서 등에 많이 사용된다. 이에 따라 전지구동을 성립시키기 위한 저소비 전력회로 기술이 중요하며, 수신파를 전력으로 변환해 작동하는 진동이나 열을 통해 발전(發電)하는 기술도 연구 중이다.

(3) 패키징 기술

센서의 패키징 기술은 감지환경에 대한 내성이 있어야 한다는 점과 센서에 의한 감지를 방해하지 않아야 한다는 점이 중요하다. 예를 들어 압력센서는 고온 환경에서의 내구성, 오염물질, 부식물질에 대한 센서의 보호 등과 함께, 매체 압력을 센서의 다이어그램 표면에 적절히 전달하는 기구와 열응력 등 그 이외의 힘을 최대한 다이어그램 표면에 전달하지 않는 구조를 양립할 필요가 있다.

가스센서 같은 화학량 센서는 검출물질에 센서의 검출표면을 직접 노출할 필요가 있음에도 불구하고, 부분노출과 부분보호 패키징 기술이 필요하다. 이런 이율배반적인 사항을 양립시키기 위해 획기적인 구조나 공법의 개발과 그 실현을 뒷받침하는 접합재료, 보호재료가 개발 중이다.

한편 일반적인 반도체 패키징 기술은 패키지 크기의 소형화에 크게 기여하는 기술로 WLP(Wafer Level Package)라고 하는 웨이퍼 상태에서의 패키징이나 메모리와 이론 LSI 등과 같은 칩을 겹친 3차원 실장이 이용된다. WLP는 센서 패키징에서도 가속도센서 등의 관성력 센서에 필요한 중공구조를 형성하기 때문에, 실리콘 캡을 일괄적으로 접합하거나 이미지 센서에 렌즈, 필터를 일괄적으로 부착하는데 이용된다. WLP는 다수의 칩을 일괄적으로 다룰 수 있다는 효율성 외에, 웨이퍼를 칩에 나누기 전에 디바이스를 밀봉하기 때문에 분진 등이 기능을 손상하는 원인이 되기 쉬운 관성력 센서, 이미지 센서에는 유용한 기술이다.

3차원 실장은 기존에는 가속도센서의 스택구조에서도 알 수 있듯이, 중첩된 칩의 주변부 패드에 와이어를 본딩해 서로의 단자를 접속한다. 하지만 지금은 TSV(Through-Silicon Via)로 불리는 실리콘 칩을 관통하는 비아(Via)로 단자를 접속하는 기술이 개발되었다. 이 TSV기술은 그림 4-154의 (a)에서와 같이, 칩 표면이 아니라 이면에서 단자접속이 이루어지기 때문에 칩의 다단적층이 쉽고, 접속 인피던스를 많이 낮출 수 있다. 또

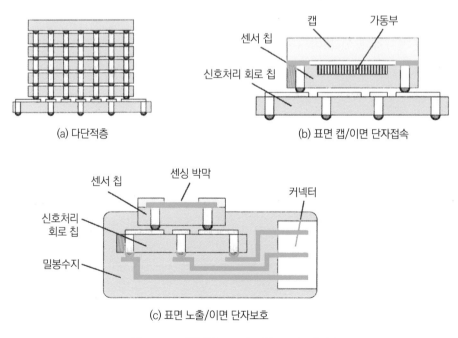

(a) 다단적층

(b) 표면 캡/이면 단자접속

(c) 표면 노출/이면 단자보호

그림 4-154 TSV(Through-Silicon Via)기술

그림 (b)와 (c)에서와 같이, 칩 표면을 전면적으로 씌우는 방법과 칩 표면의 노출과 단자 접속 부분 보호를 비교적 쉽게 양립할 수 있기 때문에 센서 패키징에도 크게 기여한다. 그리고 센서의 패키징 기술은 그림 4-155에서와 같이, 실리콘 레벨 패키지로 발전하고 있다.

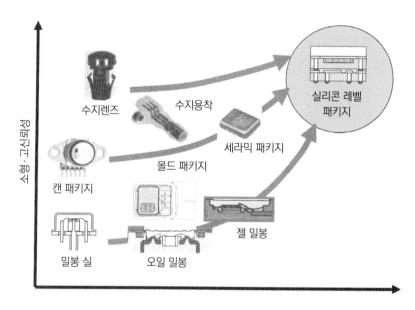

그림 4-155 패키징 기술 로드맵

(4) 센서의 융합

자동차 센서는 개별적 기능을 뛰어넘어 상호 보완적인 역할을 추구하고 있다. 특히나 자동차의 자율주행 시스템에 있어서 두드러지고 있다. 이런 상호 보완적 기술을 센서 퓨전(Sensor Fusion)이라고 한다.

센서 퓨전이란, 「여러 개의 센서정보 처리과정 전체를 공학적으로 실현하는 것」으로 정의할 수 있다. 예를 들어 레이더와 카메라 같이 다른 특성을 가진 복수의 센서로 수집한 데이터를 통합적으로 처리함으로써 단독 센서로부터는 실현할 수 없는 새로운 센싱 기능을 실현하는 기술인 것이다. 특히 자동차의 자율주행에 있어서 센서 퓨전이 필요한 것은 각 센서의 감도나 시야가 서로 달라서 단독 센서로는 자율주행에 필요한 성능을 얻을 수 없기 때문이다.

예를 들어, 레벨4 이상의 자율주행에서 감지거리 200m까지의 물체를 인식할 수 있는 센서는 라이다밖에 없다. 현재 천장에 설치한 벨로다인의 라이다가 없으면 구글은 자율주행을 비즈니스로 삼지 않았을 것이다. 그렇다고 자율주행용 외부 센서가 라이다만으로 충분하냐면 그렇지 않다. 라이다에도 결점이 있다. 그래서 센서 퓨전을 통해 개별 센서를 결점을 보완하는 것이다.

라이다의 최대 결점은 원거리에 있어서 포인트 클라우드 밀도가 떨어진다는 점이다. 날카롭게 좁힌 라이다의 송신 빔은 원거리에 도달해도 좁혀진 상태이다. 그러므로 거리가 멀수록 빔 사이의 거리가 넓어져 원거리에서는 물체에 닿지 않는 경우도 있다. 플래시 라이다에서는 빔 자체가 넓어지기 때문에 원거리라고 해서 빔 사이의 거리가 넓어지지 않는다. 그러나 원거리에서는 빔 사이즈가 커지면서 공간해상도가 급격하게 떨어진다. 그리고 또다른 결점은 도로교통에서 중요한 의미를 가진 색을 인식하지 못한다는 것이다.

그러므로 라이다의 결점을 보완하기 위해서 카메라를 이용하는 것이 일반적이다. 카메라는 공간해상도가 높은 편이라 라이다의 결점을 극복할 수 있을 뿐만 아니라, 색도 감지할 수 있다.

두 센서는 특성이 다르기 때문에 어떻게 조합하느냐, 퓨전(융합)을 하냐가 매우 중요하다. 우선은 두 센서의 특성을 액티브 방식과 패시브 방식이라는 측면에서 재확인해 보겠다.

라이다는 (전파 레이더까지 포함해) 송신파로 시작해서 돌아오는 수신파를 해석해 대상물체의 위치를 계측하는 액티브(능동적) 방식이다. 그러므로 계측상태나 정확도는 송신파의 물리특성과 대상물체의 반사성능에 의존한다. 예를 들어 라이다는 빛이기 때문에 광학적으로 잘 반사되는 물체를 쉽게 계측할 수 있고, 밀리파 레이더는 금속 계측이 쉽다는 특성이 있다. 이런 액티브 방식은 지금까지 실용화된 실적이 많아 초음파 소나, 레이저 레이더, 밀리파 레이더가 상품화되어 있다.

한편 차량용 단안 카메라와 스테레오 카메라는 대상물체가 발산하는 빛을 화상화하여 대상물체 정보를 측정하는 패시브(수동적) 방식이다. 이 방식은 주위의 날씨, 시간 등과 같이 빛이 발산되는 상태에 의존한다. 거기에 화면을 어떻게 처리하느냐는 인식 알고리즘까지 의존한다. 패시브 방식은 액티브 방식과 비교해 수광부로만 구성되어 있고, 민간용으로 대량 생산되어서 가격 면에서 유리하다. 액티브 방식에서는 어려운 대상물체 속성 판단이 가능하기 때문에 보행자 인식용 센서로 사용된다.

이렇게 액티브 방식과 패시브 방식은 다른 특징이 있다. 그것은 주행환경을 인식한 거리측정과 패턴 인식이라는 과제에 있어서 액티브 방식이 전자에 강점이 있다면 패시브 방식은 후자에 강점이 있다는 것에서도 알 수 있다. 결과적으로 보면 액티브 방식과 패시브 방식의 센서를 융합(Fusion)함으로써 서로의 장점만 사용해 주행환경을 폭넓게 인식할 필요가 있는 것이다.

(5) 센서 퓨전의 미래

자율주행을 위한 외부인식 센서로 전파 레이더, 라이다(LiDAR), 스테레오 카메라, 단안 카메라, 초음파 센서 기술이 있다. 나아가 레벨3 이상의 자율주행 센서의 첨병으로는 카메라와 라이다를 바탕으로 카메라의 인식방법과 라이다를 통한 인식기술이 필요하다. 그리고 앞으로 기대할 수 있는 카메라와 라이다의 센서 퓨전이 있는 것이다.

자율주행 외부 센싱에 있어서 앞으로는 각 센서의 성능향상은 물론이고, 먼저 자율 센서의 센서 퓨전을 통해 차량 전체 주변의 센싱을 강화할 것으로 생각된다. 그것은 카메라와 라이다뿐만 아니라 현재 일부 고급차가 채택하고 있듯이 전파 레이더나 초음파 센서 등, 적절한 센서를 조합한 형태가 될 것이다.

또한 차량과 차량 간 통신, 도로와 차량 간 통신, 보행자와 차량 간 통신 등의 V2X 기술과 자율 센서의 조합·융합되어 나갈 것이다. 그로 인해 보이는 곳뿐만 아니라 건물이나 그림자 속의 보이지 않는 곳 센싱도 가능해 질수 있을 것이다.

그리고 최종적으로 지도정보와의 조합이 중요하다. 이미 라이다를 통한 자율주행에서는 SLAM을 사용하고 있어 지도정보와 조합 중이라고도 할 수 있다. 그러나 앞으로는 라이다가 사용하는 지도뿐만 아니라 운전자가 카 내비게이션 지도를 보고 주행하는 자율주행 시스템에 있어 도움이 되는 지도(Map)가 필요하다. 그 기술지도(Mapping)에서 주목받는 것이 3차원 지도와 다이내믹 지도이다.

3차원 지도란 기존의 평면적 지도정보와 달리 각 차선이나 가드레일, 도로표지, 정지차선, 횡단보도 등과 같이 다양한 정보를 정확한 위치에서 기록한 3차원 정보까지 포함한 정확한 지도를 말한다. 이런 정보들이 없으면 자율주행 자동차를 안전하고, 정확하게 제어하기 어렵다.

3차원 지도를 바탕으로 도로 위에서의 사고, 공사정보, 교통규제 등 동적으로 변화하는 정보를 일정 기간에 걸쳐 갱신할 수 있는 것이 다이내믹 지도이다. 다이내믹 지도는 정보의 갱신 빈도에 맞춰 정적정보, 준정적정보, 준동적정보, 동적정보 4층으로 분류된

정보가 통합되어 만들어진다.

정적정보란 도로나 도로상의 구조물, 차선 정보, 노면 정보, 장기간의 규제정보 등 1개월 정도로 갱신되는 정보이다. 준정적정보란 도로공사나 이벤트 등에 의한 교통규제, 광역기상정보, 정체예측 등 1시간 이내로 갱신되는 정보이다. 준동적정보란 실제 정체상황이나 일시적 주행규제, 낙하물이나 사고차량, 기상정보 등 1분 이내로 갱신되는 정보이다. 그리고 동적정보란 V2X 통신에서 교환되는 정보나 신호정보, 교차로 내의 보행자나 자전거 정보, 교차로 직진차량 정보 등 1초 단위로 갱신되는 정보이다.

특히 동적정보는 외부 센싱에 가까운 정보를 얻을 수 있어서 자율 센서와 정합성을 갖추기 위해서도 퓨전화 가능성이 있다. 다이내믹 지도는 국제표준화를 향해 개발 중이다.

7 자율주행 자동차에 활용되는 센서

1) 자율주행이란

자율주행은 사람이 직접 운전할 때 행하는 인지·판단·제어를 자동차가 대신하는 기술이다. 인지는 운전에 필요한 각종 센서를 통해 받아들여 주변상황을 인식하는 처리로서, 일반적으로 90% 이상이 영상정보를 통해서 들어온다. 차량주변 상황을 시간의 연속적인 정보를 받아들이면서 운전이 이루어지는 것이다. 운전에 필요한, 사람의 오감에 해당하는 정보입력 장치가 바로 센서이다. 또 운전자와 차량과의 의사소통을 위해서도 센서는 필수 요소이다. 이 장에서는 자율주행 정보의 입력 장치라 할 수 있는 센서에 대해 살펴보겠다.

2) 센서의 역할과 종류

(1) 사람의 오감과 센서

사람이 운전할 때는 시각과 청각, 움직임을 느끼는 전정감각(前庭感覺), 진동을 느끼는 촉각을 이용한다. 자율주행에서 이용되는 센서를 사람과 비교해 정리하면 다음과 같다.

사람의 오감은 머리를 중심으로 이루어진다. 하지만 자율주행을 위한 차량의 선서는 다양한 위치에 탑재해야 한다. 또한 센서 정보는 통신을 이용하여 차량에 탑재된 다양한 위치의 센서, 도로 인프라, 각종 주변의 움직임, 사각지대 등 정확한 정보를 센싱하여 제공이 가능하다.

사람의 시각은 2° 정도의 시야와 4cpd(cycle per degree)의 공간해상도를 가진 중심시각(中心視覺), 100° 정도의 유효시야를 가진 주변시각(周邊視覺)으로 구성된다. 100° 정도의 유효시야는 안구운동과 머리운동을 통해 시선을 제어한다. 또한 같은 시야를 가진 2개의 안구에 의해 거리의 정확도는 낮지만, 양안 입체시각(立體視覺)를 구성하게 된다. 주파수대역은 가시광선(可視光線) 영역으로 불리는 약 400~700nm로, 스스로는 투광하지 않는 수동적(passive) 시스템으로 동작한다. 야간에는 자동차나 도로 조명을 이용하기 때문에 피동적이 않다고 볼 수 있다. 하지만 자율주행에서의 시각정보에 해당하는 센서 정보는 표 4-27과 같이 다양하다.

표 4-27 자율주행에서 일반적으로 이용되는 센서의 기초 특성

센서명	이용매체·파장		액티브/패시브	공간해상도
가시광선 카메라	전자파	0.4~0.8μm	패시브	높음
원적외선 카메라	전자파	8~12μm	패스브	높음
라이다(LiDAR)	전자파	0.9~1.5μm	액티브	중간
레이더(RADAR)	전자파	3.8~12.5μm	액티브	낮음
초음파센서	초음파		액티브	낮음

사람의 시각에 가장 가까운 가시광선 카메라가 최근 인식처리 성능이 상당히 향상되었지만, 전체적인 신뢰성이나 인식정확도, 기능면에서 사람의 시각 수준까지는 이르지 못하고 있다. 그래서 자율 운전 레벨3 이상에서는 가시광선 카메라 외에 레이더(RADAR)나 라이다(LiDAR) 같이 능동적(active) 센서를 함께 사용하고 있다.

자율주행은 사람처럼 중심시각을 갖고, 안구운동이나 목의 좌우 회전운동을 통해서 볼 수 있는 시스템을 실현하기는 곤란하기 때문에, 가시광선 카메라에서는 시야각이 다른 카메라를 이용해 해상도와 시야각이라는 상반되는 특징을 해결할 수 있다. 그러므로 주변 전체의 시야를 확보할 수 있고, 고정시야 카메라를 여러개 차량에 설치한다. 이런 카메라를 이용하여 사람보다 자동차가 넓은 시야정보를 동시에 처리할 수 있는 장점이 있다.

사람과 마찬가지로 수동적(passive) 촬영 시스템에서도 가시광선 대역이 아니라 파장이 긴 근적외선, 중적외선, 원적외선이나 파장이 짧은 자외선 영역까지 이용할 수 있다. 뿐만 아니라 사람이 이용하지 못하는 원적외선 영역에서의 열화상법(thermal image)

같은 정보도 이용함으로써 야간과 사람, 동물 등을 인식할 수 있는 정보도 활용할 수 있는 장점이 있다.

센서는 사람과 다른점은 능동으로 이용이 가능하다는 점이다. 근적외선을 이용하는 라이다, 마이크로파장를 이용한 레이더, 음파를 이용하는 초음파 센서(ultrasonic sensor) 등으로 정보를 수신하여 거리를 직접 측정하게 된다.

이처럼 자율주행을 위한 정보를 실시간으로 수집, 처리, 인지, 판단 제어를 할 수 있어야 한다.

이 챕터에서는 자율주행이라 할 수 있는 일반도로에서의 레벨4 이상의 자율주행에 필요한 센싱 기능을 정리하고, 거기서 필요로 하는 각 센서에 대해 살펴보겠다. 또 실제 운전에서는 시각 이외에 청각, 촉각(진동, 운동)도 다루려고 한다. 특히, 가장 중요한 시각 센서에 초점을 맞추고, 운동과 관련된 센서는 3장의 위치추정 부분에서 다루도록 한다.

(2) 일반도로에서의 자율주행 레벨4에 필요한 센싱 기능

일반도로에서의 레벨4 자율주행에서는 사람과 동등하게 다음과 같은 인식기능이 필요하다.

① 구조이해

- 장해물
- 주행가능 영역

② 주행도로 이해(물리구조와 논리구조)

- 구획선
- 횡단보도, 정지선
- 교통신화, 등화

③ 장해물 이해

- 물체식별(움직임, 속성)
- 사각
- 도로 쪽 물체 식별
- 접근물체 감지

④ **위치추정**

• 조합대상

자율주행 레벨4는 장해물이나 주행 영역의 감지가 필수이다. 하지만 레벨2 이하에서는 해당되지 않는다.

자율주행 레벨2에서는 운전자가 다른 차량, 보행자, 주변의 구조물, 낙하물 등과 같이 노면상의 모든 장해물에 대한 감지 기능을 사람이 해야 하지만, 자율 운전 레벨 4에서는 이런 기능을 센서로 감지하고 판단하는 것이 필수 사항이다. 또한 조명의 견고성과 날씨에 대한 견고성이 요구된다. 이를 환경의 내구성이라고도 한다. 즉, 레벨2는 밤이나 역광일 때 등의 조명 조건이 바뀌거나 비, 눈 등의 날씨 조건이 바뀌면 자동으로 작동되지 않더라고 운전자가 대응하지만, 레벨 4에서는 센서의 정보를 통해 인지하고 알고리즘을 통하여 판단하고 제어를 시스템에 의해 이루어져야 한다.

이런 요건들에 대해 이용 가능한 센서를 살펴보면, 장해물 및 주행가능 영역의 감지는 전파를 이용한 레이더나 음파를 이용한 초음파 센서를 이용하고, 공간분해 능력은 가시광선 카메라 등으로 활용하고, 부족하거나 불안정한 센서 정보는 광대역 센서를 선택하여 센싱 정보를 보완해여 사용한다(표 4-28).

표 4-28 일반도로 · 레벨4의 센싱 요건과 각 센서 대응

	장해물	주행가능 영역	구간 선 등	신호 등화	물체 식별	접근물 감지	조명 견고성	날씨 견고성	거리 정확도
가시광선카메라 (단안)	△	△	○	○	○	△	△	△	×
가시광선카메라 (스테레오)	○	○	○	○	○	△	△	△	△
라이다	○	○	△	×	△	△	○	△+*	○
레이더	△	×	×	×	×+*	○	○	○	○

* ×+는 ×이상 △미만, △+는 △이상 ○미만을 나타낸다.

라이다(LiDAR, Light wave Detection And Ranging)는 레이저 빛을 이용한 능동적 센서로 장해물이나 노면의 3차원 구조를 직접 계측할 수 있기 때문에 장해물 및 이동가능 영역을 정확히 감지할 수 있다. 가시광선 카메라는 2차원 구조를 직접 계측하지 못

한다. 하지만 스테레오 카메라로 시점이 다른 복수 카메라의 대응점 탐색에 기초해 삼각 측량 원리로 3차원 구조를 복원하는 방법을 사용하기도 한다. 대응점 탐색은 불량설정, 최적화의 시스템에서 해석되지만, 화상 패턴이 희미한 노면이나 벽에서의 거리를 구하기는 어렵다.

단안 카메라는 화상에 기초한 3차원 구조의 추정은 패턴 인식 원리를 바탕으로 기계 학습(machine learning)하는 방법이다. 화상패턴과 3차원 구조의 정확한 파악한 정보를 학습시킴으로 임의의 화상패턴에 대한 3차원구조를 복원할 수 있는 심층 신경망을 구축 가능성을 제시하고 있지만, 아직은 연구수준이다. 하지만 현재 시점에서는 직접 3차원 구조를 계측할 수 있는 라이더가 합리적인 선택일 것이다(그림 4-156).

		3차원 구조추정 원리	장해물·주행가능영역 감지	환경 내구성 (조명·날씨조건)
액티브	라이다	레이저 빛에 의한 3차원 설계 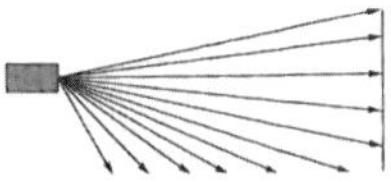	○도로공간을 조밀하게 감지 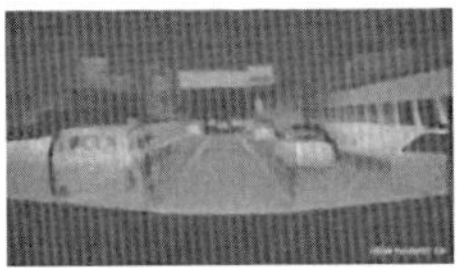	○조명조건, △날씨조건 
패시브	가시광선 카메라	복수화상 간 조합 (해석 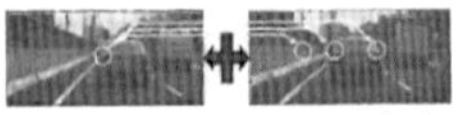 / 입력화상(우)	△패턴이 없는 부분 (노면, 벽, 차체 내부) 	△조명조건, △날씨조건  / 역광 야간 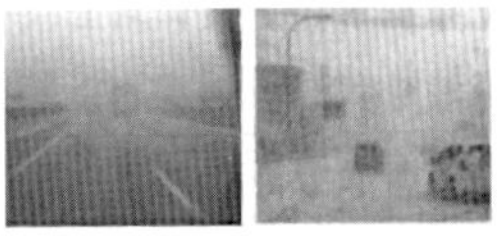
		모델(데이터)와 조합 	△임의물체, 비존재(○정형물) 	비 눈

그림 4-156 일반도로에서의 자율주행 레벨4의 필수기능에 대한 라이다와 가시광선 카메라 비교

라이다는 가시광선 카메라와 달리, 낮과 밤의 조명 변화에 영향을 받지 않고, 가시광선 카메라는 영향을 크게 받는다. 그러므로 날씨조건에 파장영역을 이용하기 때문에 라이다와 가시광선 카메라 모두 대기중의 산란이나 차단에 의해 영향이나 노면 상태 변화

에 따라 영향을 받는다. 하지만 라이다는 영향이 적기 때문에 센싱 정보를 분석하여 판단하기가 유리하다.

또한 이런 정보를 활용하여 위치와 자세를 추정하고, 조합대상을 감지, 정확도를 확보하기 위해 광대역 센서가 필요하다. 이런 다양한 조건을 만족하기 위해 라이다가 우위에 있다.

하지만 라이다에서 계측이 어려운 주행도로, 교통신호 인식이나 장해물 인식을 위한 물체식별 및 등화감지에는 공간해상도가 높고, 신호나 차량의 램프를 감지할 수 있는 가시광선 카메라를 활용해야 한다. 하지만 원거리에서 다가오는 장해물 인식의 정확도를 높이기 위해 레이더를 이용하면 효과적이다.

이와 같이 일반도로에서 자율 운전 레벨4를 실현하기 위해서는 3가지 센서, 라이다, 가시광선 카메라, 레이더를 병행하여 효율적으로 활용해야 한다.

그림 4-157는 웨이모(Waymo), TRI(Toyota Research Institute)와 우버(Uber) 자율주행 실증차량의 센서 배치를 나타낸 것이다. 라이다 배치는, 차량 지붕에 주변 전체를 인지(감지)할 수 있는 메인 라이다를, 차량 전면과 측면, 전방에 메인 라이다로 사각지대에서의 차량접근과 사각 교차로 등에서 좌우로부터 접근해 오는 물체를 감지할 수 있는 서브 라이다 3대가 탑재된다. 메인 라이다를 차량 지붕 높은 곳에 탑재하는 이유는 접근

(a) 웨이모

(b) TRI

(c) 우버

그림 4-157 대표적으로 일반도로에서 레벨4에 대응하는 자율주행 자동차의 센서 배치

하는 차량 등에 의해 장해물이 가리지 않도록 함으로써 먼 곳까지 정확한 주행정보를 확보하기 위해서이다. 또 장해물 인식뿐만 아니라 위치, 자세 추정 측면에서도 유리하다.

2) 레이더

(1) 현재 상태의 레이더

레이더(RADAR)는 전파(3THz 이하의 전자파)를 매체로 이용하여 물체감지·거리등을 계측하는 센서로서, 자동차용으로 활용되는 것은 전파를 송수신하는 액티브 타입의 마이크로파(24, 26GHz)와 밀리파(60, 76~79GHz) 주파수 대역을 사용한다. 전파의 주파수 대역은 세계적 차원에서 관리되기 때문에, 법률을 기반으로 주파수를 할당한다(그림 4-158).

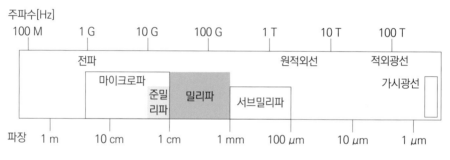

그림 4-158 레이더에 이용되는 전파의 주파수 대역(색칠 부분)

자동차용 레이더는 1900년대 중반부터 연구·개발되었을 정도로 오래 되었다. 레이더는 가시광선 카메라와 비교해 거리계측 성능이나, 환경 내구성이 뛰어나서 운전지원 시스템의 메인 센서로 자리 잡았다. 레이더의 실용화 장벽은 마이크로파나 밀리파의 안테나, 회로소자의 가격인하에 있었느나, 이를 해결하고 1999년부터 자동차용 레이더가 실용화되기 시작했다. 하지만 레이더보다 저렴한 카메라의 성능향상과 가격인하를 통해 주로 사용되었지만, 레이더의 뛰어난 안전성이나 기능이 필요로 하는 고급차량에서는 카메라와 병행하여 사용되고 있다. 최근에는 안전에 대한 높은 요구와 모놀리식 마이크로파 집적회로(MMIC, Monolithic Microwave Integrated Circuit) 등에 의한 레이더의 가격 경쟁력을 갖추므로 운전지원 시스템에 적이 확대되고 있다(그림 4-159).

(a) 레이더 외관　　　　　　　　(b) 레이더의 신호처리 보드

그림 4-159 차량에 탑재하는 레이더

레이더가 가시광선 카메라나 라이다와 비교하면 다음과 같은 장점이 있다.

• 원거리 장해물 감지 성능이 우수하다.

• 감지대상의 상대속도를 직접 계측함으로써 이동물체를 선택적으로 감지하거나, 정지물체를 제거하는 성능이 좋다.

반면, 레이더의 단점은 다음과 같다.

• 저각도 분해능력(파장과 개구지름에서의 물리적 원리로 결정된다)이 떨어진다.

• 저반사물(보행자나 소형 물체)의 감지성능이 떨어진다.

• 차선표시나 등화 등의 감지가 불가능하다.

레벨4의 자율주행을 실현하기 위해서는 가시광선 카메라와 라이다 외에 레이더의 통합이 필요하다. 그림 4-160는 레이더 필요성을 보여준다.

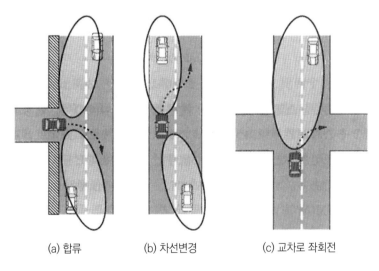

(a) 합류　　　　　　(b) 차선변경　　　　　　(c) 교차로 좌회전

그림 4-160 레이더를 필요로 하는 원거리 이동물체 감지 장면

- 합류, 차선변경, 교차로에서의 원거리 접근차량 감지
- 장해물 감지, 거리계측, 상대속도 감지 보완
- 환경조건 열화 시 보완

주의해야 할 것은, 짙은 안개나 폭우 등으로 인해 카메라나 라이다 등 빛 계통 센서의 성능이 떨어져도 레이더는 성능이 크게 떨어지지 않는다. 하지만 레이더만으로는 자율주행에 필요한 기능을 만족시킬 수 없기 때문에 다양한 센서의 정보 보완이 필요하다. 현재 이용할 수 있는 차량용 센서 가운데 사람도 운전하기 어려운 짙은 안개·폭우 등과 같은 열악한 환경에서 운전할 수 있는 장치는 없다.

(2) 레이더의 과제와 미래

밀리파 레이더의 거리 정확도를 향상하기 위해 초광대역화(UWB, Ultra Wide Band)로 연구개발이 매우 활발하다. 일본에서는 2.4GHz와 79GHz가 할당되어 있으며, 거리 분해능력이 좋아졌고, 차량에 가까이 있는 보행자 구분이 어려웠으나 기술의 발전으로 구분이 가능해 졌다. 레이더의 초광대역화로 감지거리는 계속 연장되고 있다.

하지만 현재의 레이더는 근거리용(SRR), 중거리용(MRR), 원거리용(LRR)을 각각 탑재해야하기 때문에 가격이나 탑재 조건이 해결해야 할 문제이다. 이 문제를 해결하기 위해서는 광각·고각도 분해능력, 원거리 감지성능을 양립하는 안테나 시스템 실현이 필요하다.

일반도로에서 레이더를 자율주행에 응용할 때는 빔 내의 여러 물체나 클러터(clutter)로 불리는 도로 쪽 물체의 반사, 다른 차량용 레이더의 간섭파, 다중반사파(멀티패스파) 등 여러 반사파로부터 물체를 분리하거나 높은 정확도로 각도를 추정할 필요가 있다. 이 과제를 해결하기 위해서 높은 정확도로 각도를 추정하는 MUSIC(MUltiple SIgnal Classification) 방법이나 ESPRI(Estimation Signal Parameter via a Rotational Invariant) 방법 등이 연구되고 있다.

현재 사용되는 70GHz대역 보다 더 높은 100GHz 이상이나 테라헤르츠(300GHz 이상)대역의 레이더는 해상도를 높일 수 있기 때문에 미래의 레이더로 활용이 기대된다.

3) 카메라

(1) 현재의 카메라

가시광선 카메라는 화상정보 및 디지털 미디어의 발전하며, 차량용으로 응용하여 사용하고 있다. 차량용 카메라에서 요구되는 사양으로는 해상도와 감도, 다이나믹 레인지(dynamic range, 측정 가능한 최대·최저치의 빛의 강도비율), 촬영주기 등이며, 이런 요구사양에 따라 발전하고 있다.

가시광선 카메라는 스마트폰이나 디지털 카메라 등에 이용되며 대량 생산이 가능하게 되었고, 고성능이며 가격 경쟁력도 갖추었다. 현재 스마트폰 1대에 몇 개의 카메라를 탑재하고 있을 뿐만 아니라 차량용 센서로서의 활용도 또한 높다.

2000년대 후반부터 운전자의 시각을 보조하는 후방 카메라가 많은 차량에 탑재되어 현재도 사용중 이다. 2010년대부터는 레벨1, 2의 운전지원 시스템이 도입되기 시작하면서 그때도 카메라가 메인 센서로 활용되었다.

기술의 발전으로 화상정보를 인식하고 실시간으로 연산 처리와 패턴인식을 함으로써 운전지원용 중요 센서로 자리잡고, 인식 기능이 향상되고 있다.

운전지원용 센서로서 라이벌이었던 밀리파 레이더와 가시광선 카메라 가운데 밀리파 레이더가 거리계측 성능과 환경 정보의 정밀도에서는 우위에 있었다. 하지만 가시광선 카메라는 밀리파 레이더가 감지할 수 있는 차량뿐만 아니라, 밀리파 레이더가 감지하기 어려운 보행자나 레이더는 감지하지 못하는 차선표시와 표지, 신호도 감지할 수 있기 때문에 가시광선 카메라가 널리 사용되었다. 이 가시광선 카메라(단안)로 운전지원 솔루션을 제시한 대표적 회사는 1999년에 이스라엘에서 벤처기업으로 설립되었다가 2018년에 인텔이 17조 원에 매수한 모빌아이(Mobileye)이다(그림 4-161).

앞으로 가시광선 카메라는 인식기능이 향상과 정보처리의 고속화로 차량에 탑재하므로써 자율주행이 가능해 질 것이다.

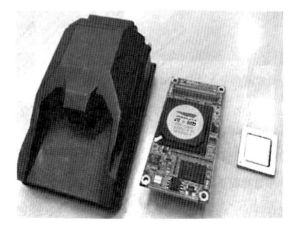

그림 4-161 가시광선 카메라에 의한 센서 시스템 사례

가시광선 카메라의 화성정보는 사람의 시각 정보와 같은 화성정보, 보다 빠른 처리를 통해 차선표시와 표지, 신호, 등화 등을 감지하고 공간분해 능력이 높기 때문에 물체의 상세한 인식이 가능하기 때문에 메인 센서로 활용하고 있다.

하지만 레벨4 자율주행을 위해서는 3차원 정보를 구현해야 하나, 가시광선 비디오 카메라는 2차원 화상으로 장해물 감지나 견고성이 떨어지기 때문에 임의의 견고함과 장해물 감지가 어렵다. 또한 피동적 센서이기 때문에 환경조건에 충분하지 않다. 그러므로 장해물 인식이나 주행가능 영역의 감지를 위해 능동적 센서인 라이다의 정보와 융합하는 것이 가장 현실적인 접근 방법일 것이다.

과거 가시광선 카메라의 촬용소자는 대부분 CCD(Charge Coupled Device)가 활용되었으며, 아날로그 TV 신호형식(CCD(Charge Coupled Device)에 해상도와 주사방식으로도 물체 인식에 적합하지 않았으며, 감도와 움직임에 범위 등도 매우 부족했다.

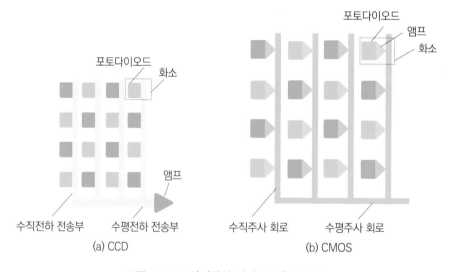

그림 4-162 가시광선 카메라의 촬영소자

최근 화상의 디지털화로 변화하며 가시광선 카메라의 촬영소자가 CMOS(Complementary Metal Oxide Semiconductor)가 활용되면서 화소의 자유도나 기능 적용이 가능해졌다. CMOS 촬영소자의 고화소화로 해상도가 크게 향상되어 12Mega화소 카메라도 실용화되고 있고, 2010년 중후반에는 차량에 탑재된 카메라 해상도가 13Mega화소 수준까지 활용되고 있다. 해상도와 처리 속도가 빠라지면서 저속주행부터 고속주행까지 화상정보, 화상각도가 다른 3개 이상의 카메라를 이용해야 한다. 이뿐만 아니라 주행 및 후진 시 주변의 360° 화상정보를 제공하기 위해서는 10개 이상의 카메

라의 정보를 융합해 활용하기도
한다.

주사방식(走査, interlaced)
도 혁신적으로 변화하며,
CMOS 카메라의 과제인 롤링
셔터도 자동차 적용이 적합한
글로벌 셔터 기능이 적용되고
있다.

감도는 이면조사형
CMOS 촬영소자의 도
입 등으로 크게 향상되
어 야간 적용성이 확대
되었다(그림 4-163).

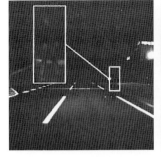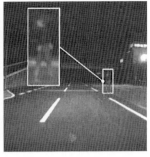

그림 4-163 이면조사형 CMOS 카메라에 의한 감도향상

그림 4-164 다이내믹 레인지 카메라의 촬영 사례

다이내믹 레인지도 자율주행에서 중요한 특성으로,

(1) 복수 노출된 화상의 합성

(2) 복수 감도의 화소로 촬영한 화상의 합성 등의 방법을 통해 터널 안팎이 동시 촬영
되었을 때 포화되지 않는 120dB 이상의 다이내믹 레인지가 실현되고 있다(그림
4-164).

차량용 카메라에 필요한 기능으로 LED 교통신호에 대한 미세한 떨림현상(flicker)을
방지하여 차량용 카메라에 이미 적용중이다.

(2) 카메라의 과제와 앞날(카메라의 개발 방향과 미래)

가시광선 카메라는 기능의 다양화와 저가로 구입이 가능해야 자율주행에 필수 센서로
활용이 가능할 것이다.

앞으로 가시광선 카메라는 야간 영상정보에 대응해야 한다. 피동적 센서이므로 야간
에 인간의 눈처럼 조명이 필요하고, 조명은 센서끼리 간섭과 갑작스러운 조명에 의한 화
성 번짐을 극복해야하므로 정확한 영상 정보를 얻기가 쉽지 않다.

이를 극복하기 위해 과거에는 근적외선 카메라에 전용 근적외선 조명을 조합하는 방
식으로 문제를 해결했었다. 근적외선 카메라는 맞은편의 차량이나 전방 차량의 운전자를

눈부시게 하지 않기 때문에 근적외선 카메라의 감지를 위해 배광을 사용할 수 있다.

저렴한 가격과 감도향상으로 인해 야간에 가시광선 카메라를 활용하지만, 근적외선 카메라의 역할을 모두 극복하지는 못하고 있다.

야간에 보행자나 동물 등의 물체 등을 빠르게 감지하기에 적합한 것은 원적외선 카메라이다. 원적외선 카메라는 피동적 센서로 열화상법을 활용하여 물체로부터 반사된 복사열을 영상화 한다. 그러므로 야간의 어두운 곳이나 역광 등으로 같은 가시광선의 영향을 받지 않고, 보행자나 동물 등과 같은 물체를 복사열로 감시, 감지할 수 있다. 과거에는 원적외선 카메라는 냉각형 계측기였지만, 비냉각 카메라가 개발되면서 2000년 무렵부터 나이트 비전용 센서로 차량에 사용되었다. 하지만 그 당시 원적외선 카메라는 촬영소자나 렌즈가 고가일 뿐만 아니라 크기도 커 차량에 사용할 수 있는 것은 일부 차량이었다.

최근에는 대표적인 촬영소자인 마이크로 볼로미터(micro bolometer)가 MEMS기술과 진공밀봉 기술의 발전으로 비교적 저렴할 뿐만 아니라 해상도도 높아졌다. 또한 렌즈도 게르마늄이나 실리콘 등의 특수 합금으로 비싸졌지만, 유화아연이나 칼코게나이드 등의 합금이나 유기화합물 렌지가 개발되어 저렴해지면서 자율 운전용 센서로 활용될 것을 기대하고 있다.

지금까지 가시광선, 근적외선, 원적외선 카메라의 장·단점, 자율주행의 활용 가능성을 살펴봤다. 가시광은 사람의 시각과 일치하는 대역으로 가시광선 카메라는 사람이 보는 시계를 촬영할 목적으로 만들어지고 있지만, 자율주행용 센서는 가시광에 구애 받을 필요가 없다. 리모트 센싱 등의 목적으로 개발되고 있는 하이퍼 스펙트럼 카메라는 분광계측을 통해 재질에 대한 높은 정확도와 식별이 가능하다는 점이 알려주듯이, 자율주행 용도에 있어서도 그 유용성이 밝혀지고 있다.

(a) 가시광선 카메라 영상 (b) 원적외선 카메라 영상

그림 4-165 야간에 보행자를 감시하는 가시광선 카메라와 원적외선 카메라의 차이

4) 라이다

(1) 라이다란?

라이다(LiDAR)는 광(光)대역 매체를 이용한 능동적 센서로서, 공간분해 능력이 높은 3차원 정보를 얻을 수 있는 센서를 말한다(그림 4-166). 이렇게 3차원 정보를 얻을 수 있는 센서를 3D-LiDAR이라고도 한다. 다양한 3차원 정보를 얻을 수 있기 때문에 계측이

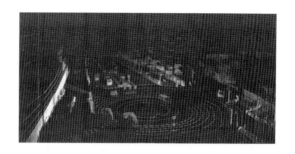

그림 4-166 라이다를 통한 전방의 3차원 계측결과

나 로봇 분야를 중심으로 LRF(Laser Range Finger)를 사용하기도 한다.

라이다는 3차원 계측기라 거리계측 기능이 주요 기능이며, 계측원리는 빛의 비행시간 거리(TOF, Time Of Flight)이다.

노면이나 근접물 감지에 똑같은 구성으로 삼각법 원리(active stereo)를 이용하지만, 일반적으로는 이런 방법은 라이다라는 말은 사용하지 않는다.

라이다가 자율주행(레벨3 이상)에서 메인 센서가 된 이유는 2.1.2항에서 이미 언급했듯이, 운전에 필요한 장해물이 주행가능 영역을 필요한 공간 해상도로 직접 3차원 계측할 수 있다는 점, 가시광선 카메라보다 환경 내구성이 뛰어나다는 점이다.

라이다는 군사용, 우주용으로 오랜 역사를 갖고 있는데, 아폴로 우주선에서도 사용된 기술이다. 1980년대에는 미국 카네기멜론 대학 자율주행 실험차(Navlab)에 2차원 스캔형 라이다가 탑재되어 비포장 도로에서 저속주행에 성공했다. 일반 차량에 라이다가 도입된 것은 1990년대로, 1992년에 세계 최초의 라이다에 의한 ACC(Adaptive Cruise Control) 시스템이 일본에서 실용화되었다. 당시에는 세로방향 해상도가 1라인에서 4라인 정도로, 3차원 계측기라기보다 2차원 거리 정보를 얻는 수준이었다. ACC는 1990년대에 라이다가 실용화되었지만, 2000년대에 들어서 ACC용 센서의 라이다는 날씨 견고성 측면에서 밀리파 레이더를, 가격과 다기능 측면에서 가시광선 카메라를 대체하게 된다. 그리고 본격적인 자율주행용 라이다가 주목받는 것은 2005년 미국에서로 로봇 레이스인 다르파(DARPA) 그랜드 챌린지에 미국 벨로다인사의 라이다가 등장하고서 부터이다. 또 독일 이베오사는 1990년대부터 세로방향 해상도는 4라인 정도이지만, 고감도의 라이다를 공급하면서 세계 최초의 레벨3 자율주행 차량에 탑재되었다.

(2) 라이다 작동원리

레이저 빛을 이용한 높은 공간 해상도의 3차원 계측을 하려면 레이저 빛을 작은 영역
별로 발사하여 소영역마다 거리값을 구할 필요가 있다(그림 4-167). 발광한 레이저 빛이
측정대상으로부터 반사되어 그것이 수광부로 돌아올 때의 수신 전력을 라이다 방정식이
라고 한다. 대상이 빔에 대해 작을 때와 클 때 다음과 같이 나타낸다(식(2.7), (2.8)). 수신
전력은 대상이 가까울 때는 거리의 제곱, 대상이 멀 때는 거리의 4제곱에 반비례한다.

대상이 빔에 대해 작을 때

$$P_r = \frac{A_r \sigma G_t T^2 P_t}{4\Pi^2 R^4} \tag{2.7}$$

대상이 빔에 대해 클 때

$$P_r = \frac{A_r N \sigma K T^2 L Y P_t}{R^2} \tag{2.8}$$

P_r: 수신전력, P_t: 송신전력, R: 측정대상까지의 거리, G_t: 송신렌즈의 게인, A_r: 수신렌
즈의 개구면적, T: 대기 투과율, σ: 대상의 산란 단면적, N: 입자수, K: 송수신계 효율,
$L=cx\tau/2$, τ: 레이저 펄스폭, c: 광속, Y: 송수광학계의 기하학적 효율(시야가 일치할 때
Y=1)이 라이다 측정원리에서 필요한 영역 모든 거리값을 얻기 위해 다음과 같은 방법이
있다(그림 4-168).

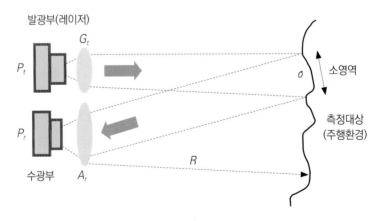

그림 4-167 라이다의 거리계측 원리도

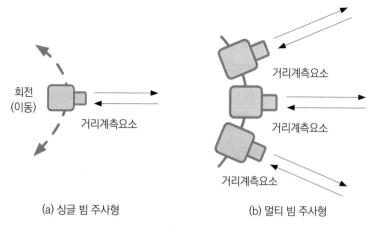

(a) 싱글 빔 주사형　　　　　(b) 멀티 빔 주사형

그림 4-168 라이다의 공간 주사법 분류

(1) 레이저 빛을 통한 계측을 주사(스캔)기구로 순차계측(싱글 빔 주사형)

(2) 소영역마다 복수의 거리계측요소를 갖추고 동시에 계측(멀티 빔 주사형)

(3) (1)과 (2)의 조합으로 계측

　　주사 수단에는 기계주사와 전자주사가 있다. 솔리드스테이트 타입이라는 말은 기계주사를 포함하지 않는 방식을 가리키지만, MEMS(Micro Electro Mechanical Systems) 미러를 사용한 주사방식은 반도체 프로세스에서 칩 일부로 실장되기(탑재되기) 때문에, 솔리드스테이트 형으로 분류된다. 게다가 주사에는 소영역을 순차적으로 계측하는 순차주사와 멀티 빔으로 동시에 하는 동시주사가 있다. 동시주사에서 투광부를 일체화한 라이다를 플래시 라이다(flash LiDAR)이라고 한다.

　　예를 들면 2007년의 다르파 어반 챌린지에 사용되면서 자율주행 발전에 크게 기여한 미국 벨로다인사의 라이다 HDL-64는 세로에 64개의 투광·수광부를 배치한 멀티 빔 타입 라이다를 더 기계적으로 수평 회전시킴으로써 360° 3차원 계측하는 (3)의 복합형이다(그림 4-169). 세로방향은 전자 동시주사, 가로방향은 기계 순차주사이다.

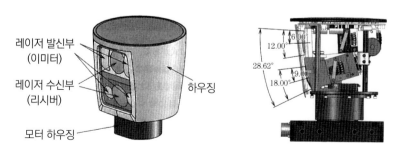

그림 4-169 대표적인 라이다 제품(벨로다인사의 라이다 HDL-64)

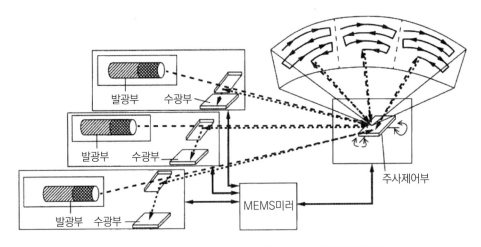

그림 4-170 MEMS 미러를 이용한 솔리드스테이트 라이다

최근 트렌드로 자리 잡은 MEMS 미러를 이용한 라이다는 싱글 빔 기계 순차주사형 라이다를 복합해서 조합한 멀티 빔 순차주사형인 솔리드스테이트 라이다이다(그림 4-170). 일반적으로 여러 개의 라이다 조합이 필요한 이유는 MEMS미러의 주사각도가 작기 때문이다.

가동부의 내구성, 미러가 작아 감도가 떨어지는 것을 극복해야 할 것이다.

여러 가지 방식이 존재하는 이유는 성능과 가격, 탑재 가능성 등 많은 요구항목이 다양하다. 자율주행에 필요한 라이더 또한 차량의 사양과 방식 등 필요항목이 다양하기 때

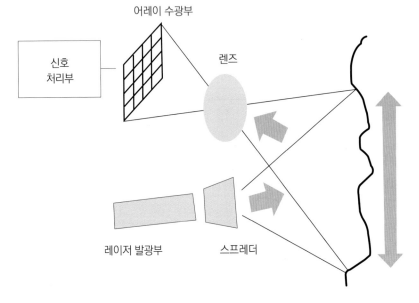

그림 4-171 플래시 라이다의 구조

문에 확정하 수 없다. 앞으로는 가동부가 없고 작은 플래시 라이다가 기대를 모으고 있지만, 현시점에서는 계측거리 등의 중요한 기능을 메인 라이다로 쓰기에는 충분하지 않다(그림 4-171). 또 전자적으로 투광 빔을 쏘는 전자주사 방식도 큰 기대를 모으고 있지만 아직 연구단계이다.

그림 4-172 1500nm 라이다의 감지

라이다 분류에는 이용하는 빛의 파장과 변조방식이 있다. 빛의 파장을 결정하는 요인으로는 가격과 소비전력, 태양광 등의 외부요인, 사람 눈에 대한 안전성이 있다. 현재 일반적으로 이용되는 것은 저렴하게 만들 수 있는 900nm대의 근적외 영역이다. 1550nm대는 아이 세이프

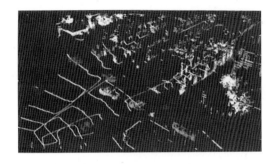

그림 4-173 FMCW방식의 라이다를 통한 이동물체의 상대속도 감지

(eye safe)대라고도 불리는데, 물의 흡수 스펙트럼이기 때문에 사람 눈에 대한 안전성이 뛰어나다. 그 때문에 900nm대보다 큰 빛이 출력됨으로써 원거리 성능이나 신호대비 잡음비율(SN비)에 있어서 활용이 유리하다(그림 4-172). 빛의 구멍을 작게 할 수 있어서 라이다의 소형화도 가능하다. 문제는 1500nm대에 필요한 비소화갈륨인듐(InGaAs) 등이 고가라는 점이다.

라이다의 거리감지 방법은 기존에는 펄스방식을 통한 직접 검파(檢波)하는 것이 대부분이며, 변조한 연속파를 이용한 방식은 위상차에서 거리를 구하는 근거리용 ToF 센서 정도였다. 최근에는 실리콘 기판 상에 광 기능소자를 실현하는 Si포토닉스 기술이 발전되면서 레이더 같이 FMCW방식에 의한 응집성(coherent)검파가 이루어지게 되었다. 그러므로 라이다가 레이더와 비해 약점이었던 상대속도의 직접 감지가 가능해진 동시에 광폭을 관측할 수 있도록 될 것 기대한다(그림 4-173).

이 Si포토닉스기술을 이용한 라이다는 파장도 1500nm대로 새로운 라이다의 방향성이 기대된다.

(3) 라이다의 과제와 앞날(라이다의 개발 방향과 미래)

라이다 보급을 위한 과제는 두가지 시나리오인 오너 자동차와 서비스 자동차 두가지 측면에서 요구되는 사양이 조금 다르다(표 4-29). 또 각 방식에서의 과제는 표 4-30와 같다.

표 4-29 라이다의 사양에 대한 요구

공통	가격, 감도·감지거리, 공간해상도, 간섭, 탑재(오염대책)
오너 카	가격, 크기
서비스 카	감도·감지거리, 시야각

표 4-30 라이다의 방식별 과제

기계스캔방식	가격, 크기, 진동대책
MEMS스캔방식	감지각도범위, 감도·감지거리(개구=빛의 구멍)
전자스캔방식	감지각도범위, 감도·감지거리(효율)
플래시방식	감도·감지거리
파장 905ns	감도·감지거리, 해상도
파장 1550ns	가격

라이다는 일반도로에서 레벨3 이상을 실현하기 위한 필수 센서이다. 기술개발을 위해 전 세계적인 개발경쟁이 이루어지면서 수백개의 벤처기업이 존재한다. 그 중, 1550nm 대와 Si포토닉스를 통한 FMCW(Frequency Modulation Continuous Wave)방식의 라이다는 연구단계에 있지만, 전자스캔 방식과의 조합까지 원거리에 유연한 스캔을 가능하게 하는 솔리드스테이트 라이다, 근거리의 경우는 플래시 라이다를 개발 목표라 할 것이다.

약력

• 감수
  주승환 : (사)한국적층제조사용자협회 회장/교수

• 편성위원
  박용국 : 인하공업전문대학 교수
  신현초 : 한국폴리텍대학 서울정수캠퍼스 교수
  정승환 : 한국폴리텍대학 서울정수캠퍼스 교수
  황영랑 : 구미대학교 교수

모빌리티 반도체 센서 백과

초 판 인 쇄 | 2023년 1월   5일
초 판 발 행 | 2023년 1월 10일

감   수 | 주승환
편성위원 | 박용국 · 신현초 · 정승환 · 황영랑
교정교열 | 강진석
만   화 | 이예주(덕의초등학교)
발 행 인 | 김길현
발 행 처 | (주) 골든벨
등   록 | 제 1987 – 000018호
I S B N | 979-11-5806-611-6
가   격 | 23,000원

표지 및 디자인 | 조경미 · 엄해정 · 남동우
웹매니지먼트 | 안재명 · 서수진 · 김경희
공급관리 | 오민석 · 정복순 · 김봉식

제작 진행 | 최병석
오프 마케팅 | 우병춘 · 이대권 · 이강연
회계관리 | 김경아

(우)04316 서울특별시 용산구 원효로 245(원효로 1가 53-1) 골든벨 빌딩 5~6F
• TEL : 도서 주문 및 발송 02-713-4135 / 회계 경리 02-713-4137
       편집·디자인 02-713-7452 / 해외 오퍼 및 광고 02-713-7453
• FAX : 02-718-5510   • http : //www.gbbook.co.kr   • E-mail : 7134135@naver.com